美国训犬师、电影犬训练师、犬

凯拉·桑德

零失败快乐训犬

[美] 凯拉·桑德斯　著
蓝炯　译

中国轻工业出版社

图书在版编目（CIP）数据

凯拉·桑德斯零失败快乐训犬 /（美）凯拉·桑德斯著；蓝炯译. — 北京：中国轻工业出版社，2021.10
ISBN 978-7-5184-3595-1

Ⅰ.①凯… Ⅱ.①凯… ②蓝… Ⅲ.①犬 - 驯养 Ⅳ.①S829.2

中国版本图书馆CIP数据核字（2021）第143160号

责任编辑：王 玲 责任终审：张乃柬
整体设计：锋尚设计 责任校对：宋绿叶 责任监印：张京华

出版发行：中国轻工业出版社（北京东长安街6号，邮编：100740）
印 刷：当纳利（广东）印务有限公司
经 销：各地新华书店
版 次：2021年10月第1版第1次印刷
开 本：787×1092 1/16 印张：9
字 数：100千字
书 号：ISBN 978-7-5184-3595-1 定价：59.80元
邮购电话：010-65241695
发行电话：010-85119835 传真：85113293
网 址：http://www.chlip.com.cn
Email：club@chlip.com.cn
如发现图书残缺请与我社邮购联系调换
201073S6X101ZYW

我们的目标不是要压制狗狗的行为、教导服从性，而是要激励狗狗做正确的事情，和一只自信、快乐、不怕犯错的狗狗建立愉快的关系。

目录

关于本书

作为专业的犬类特技秀表演者，我在犬类体育竞技比赛以及现场娱乐表演领域都获得了荣誉。我相信，通过努力能实现远大的目标。但同时我也深知，所有这些通过训练狗狗得到的殊荣，并非是由于实现了最终目标，而是由于在长期训练过程中我和狗狗们建立了联结、得到了教训和乐趣。

我在这本书中将提供各种训练工具，不仅能让你成功地进行训练，还能让你的训练更人性化、更快乐。

启动你的热情吧

你已经准备好打破一成不变的单调、开启训练的热情了吗?那么，就让我们行动吧！本书将用充满乐趣的方法指导训练。因为有乐趣，所以训练会很容易坚持。本书将为你的成功训练提供所需要的知识和系统性指导，不让你有挫败感。我会用清晰的、简明扼要的方式解释各种概念。你将和狗狗产生一种全新的联结，并且因为学到了新的技能、为狗狗提供了更美好的生活而产生成就感。

无论你是刚刚开始训犬的新手，还是一直在凭直觉训犬，想要寻求科学、系统的训犬知识的中级训犬师，本书内容都是为你量身定制的。对于那些专家级别的训犬师，本书也许能让你有机会暂时把追求卓越放在一边，重拾训犬带来的乐趣！

我：喜欢恶作剧，喜欢追逐小狗，负责治疗受伤的爪子、捡拾飞到屋顶的球。
贾弟（Jadie）：喜欢偷了鞋子让我满屋子追它，有一个好朋友是一头母牛，目前已经失聪，还安装了心脏起搏器，是我认识的最快乐的狗狗。
辛巴（Kimba）：我的跑步伙伴，无论去哪里都不忘带着它的玩具，目前正在挖掘一个可以通到中国的洞，睡觉的时候脸上会展露甜美的笑容。

教授技巧，激发热情

人生中最大的乐趣之一是能有机会让别人发出光芒，体验他们理解新事物时的兴奋心情。当我们给一支运动队做教练时、教小孩子骑自行车时、教学生做数学题时，也许可以幸运地获得这种体验。当他们说“我知道了！”的那一瞬间，当理解的火花被点燃的那一瞬间，是多么令人激动、振奋、快乐。这是一个和地球上的另一个生命为了达到一个共同的目标而联结的瞬间，是一个值得大声欢笑、击掌庆祝、高声欢呼的瞬间！这是一个你在当天夜晚可能会微笑回味的瞬间。这是一件小事，是广袤草原上的一朵小花，但如果我们足够幸运，并且能深切关注这些小花的栽培，那么我们终将在脚下看到一片生机勃勃的、充满活力的原野。

“我们最明亮的火焰通常是由意想不到的火花点燃的。”

——塞缪尔·约翰逊（英国作家）

克服障碍

你过去或许也尝试过训犬，但觉得训犬并非所希望的那样。为什么会是这样呢？是因为训犬太难了吗？是因为训犬的解释不够清晰，太过冗长，或者太无聊了吗？是否采用了没有乐趣的训犬方法？是否有了挫败感？是否觉得自己并不擅长训犬，与其不完美，还不如放弃算了？那么，告诉你一个好消息，本书将带给你一种全新的体验。你和狗狗不但能学到正确的训练方法并成功地达到训练目标，而且，在此过程中，你和狗狗还将充分享受到训练的乐趣。

做狗不易

你的生活是充实的，有工作、有朋友、有爱好。而你的狗狗只有你。你是它们一切的源泉：陪伴、爱、保护和学习。狗狗也有情感，就像你一样。狗狗想要快乐，会饿，会无聊，会受伤，有欲望和期望，就像你一样。试着去看一下它们眼中的世界吧，做狗真的不容易。本书教大家如何丰富狗狗的生活，并且用一种充满爱、激情、鼓励和宽容的方式来实现。我们将给狗狗带去快乐，并因此给我们自己带来快乐。

“它们给我们的生活带来了多少爱与欢笑，甚至因为它们，我们彼此之间变得更加亲密，这真是令人惊讶。”

——乔诗·葛洛根（美国歌手）

训犬是艺术也是科学

我们训犬遭遇挫败，不是因为狗狗不好或者太笨，而是因为我们不知道自己在做什么，是因为我们已经尝试了可以想到的各种技巧，但是却没有一种管用。今天，我们可以选择一条全新的道路。本书赋予你明晰的行动计划以及实施技巧，让你对训练策略充满自信和安全感。

本书强调乐趣和正向增强，我们所采用的每一种训练方法和每一项训练策略，都是以增添我们和狗狗的生活乐趣为前提。我们全部采用正向训练方法，在一种相互协作、没有恐惧的氛围中对狗狗进行训练，从而激发狗狗的学习意愿。这些训练方法能够快速达到训练结果，并且能产生一种真正的、充满爱的伙伴关系。

在传授成熟、科学的训犬策略的同时，本书还使用了鲜艳的插图、充满欢乐的照片以及鼓励性的名言。它将使你保持积极的心态，让你留意生活中美好的事物和各种小小的收获，并且提醒你，无论结果如何，过程中总有乐趣。

本书以简明扼要的方式呈现30种动物训练原理，例如奖励标记、提示、分解动作训练、冲动控制以及正向重导向等概念。每一项训练原理都配有易学的分步图片说明，展示如何运用该原理教狗狗一项技能，让你可以练习、强化所学到的原理。

别被这本书简明的风格所迷惑……它只是以一种充满乐趣的态度展示了精英训犬师们所采用的科学、成熟、有效的训犬原理！

我:

我的狗狗（们）:

Chapter

1

掌握时机

动物训练基础

狗狗有很强的直觉，并且可以和我们建立牢固的关系，这就允许我们采用的训练方法不必那么精确。但是，理解动物训练背后所蕴含的科学原理可以让训练变得更加快捷，更少有挫败感，同时你和狗狗都会获得更多的乐趣。

本部分着眼于介绍动物训练的核心概念。你将会学到如何通过以下方法和狗狗进行有效沟通，让它理解你的目标行为；在正确的时机和姿势下进行奖励；使用奖励标记和提示；评估和调整成功标准等。

在学习了每一节新课之后，你都将有机会实践新学到的技巧，并运用该技巧教狗狗一项小游戏来强化该技巧。

你准备好开始了吗？

选择快乐！选择幸福！选择闪耀！

准备好训练工具

一些适当的训练装备将让训练课程进行得更加顺畅。

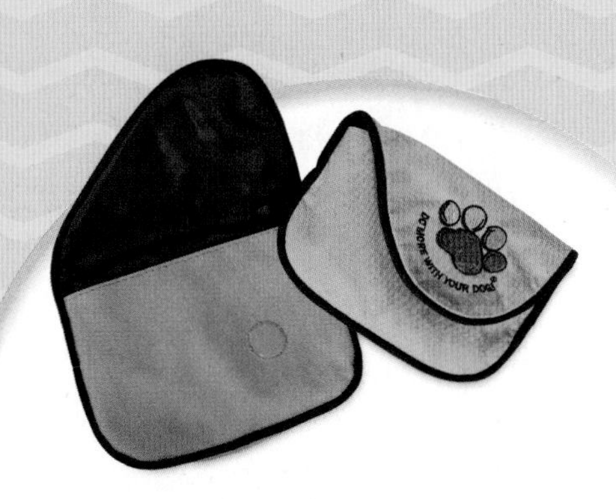

零食袋

一个翻盖式的零食腰包，可以让你迅速拿到零食，而不用翻遍口袋寻找。

零食

使用可以让狗狗迅速吞下的、小块的软性零食，例如热狗、肉丸或者鸡肉。

响片训练器

犬用响片训练器可以即时发出声响作为正确动作的指示。

搭扣式短绳

一根简单的搭扣绳，用来连接狗狗的项圈。它不像牵引绳那样总会打结，能在你需要时让你可以控制狗狗。

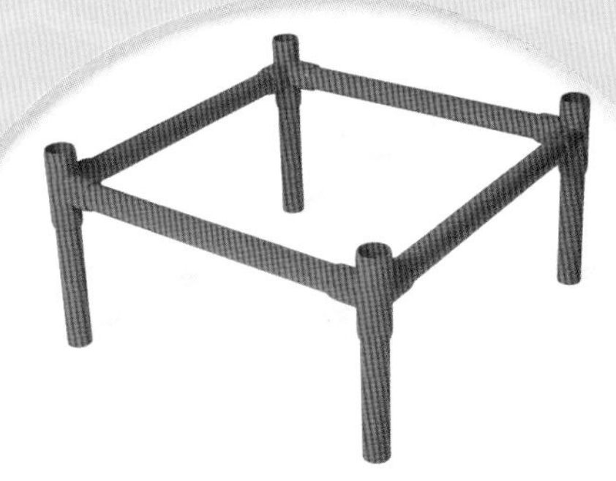

魔法围栏

一个低矮的围栏，用来限制狗狗爪的位置，或者作为狗狗的目标地。

激励玩具

尽管我们通常都用零食进行训练，但是，如果狗狗特别喜欢球类或者拔河类玩具，那么也可以把这些玩具作为额外的奖励。

小平台

一个略高的平台，家中的狗狗大本营，用来让狗狗集中注意力并受控。

良好的态度

最重要的训练工具是你的表扬和鼓励！

第1课

在正确的时间奖励

教狗狗任何一个动作的关键是在狗狗做对的瞬间进行奖励。一定要快！

对于人类来说，即使一个行为及其后果在时间上是分开发生的，我们仍然可对两者之间的联系进行解释。例如，我们可以对一个小孩子在前些时候整理了房间的行为奖励甜点。而对狗狗，我们无法用语言向其解释行为和后果之间的联系。这就是为什么只有立即产生的后果才能让狗狗把它和自己的行为联系起来。

在学习过程中，狗狗可能会扭动身体，并且尝试各种不同的动作。你必须立即让它知道它的每一次尝试是成功的（奖励零食）还是不成功的（没有零食）。你的任务是确保狗狗能理解自己做了什么才得到了奖励。而帮助狗狗理解目标行为的关键就是要**精确地在它做对的一瞬间进行奖励**。

例如，你正在训练狗狗“坐下”，那么就要在它臀部着地的一瞬间把零食放进它的嘴里。

“永远不要信任那些在生活中不会热爱任何事物的人。”

——弗雷德里克·巴克曼（瑞典作家）

练习

触碰我的手

首先，教狗狗用鼻子来触碰我们的手。通过在正确的时机进行奖励，即当狗狗的鼻子触碰到我们手的一瞬间给它零食，可以帮助狗狗理解我们的目标行为是什么。通过精确地掌握时机，狗狗将会把动作和奖励联系起来，并日明确知道自己做了哪个动作得到了奖励。你的笑容和激动的表扬语调将会加速狗狗的学习过程。

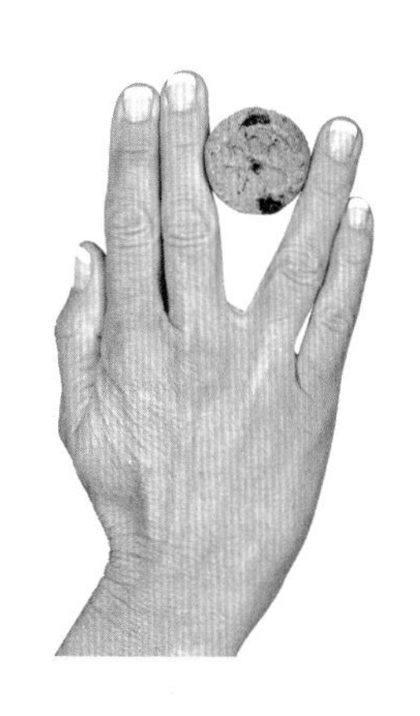

1 在指间夹一个零食

选择一种美味而又香气扑鼻的零食，以便诱惑狗狗去寻找。

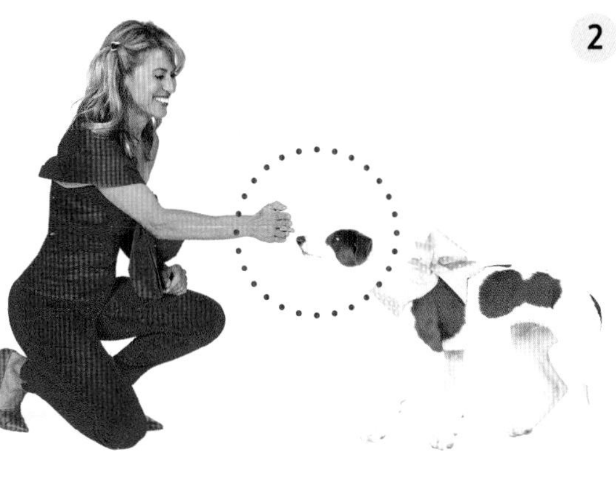

2 伸出你的手

说“碰！”，同时把掌心朝向狗狗，放在它鼻子的高度。不要用手去碰狗狗，而是等待狗狗来碰你的手。

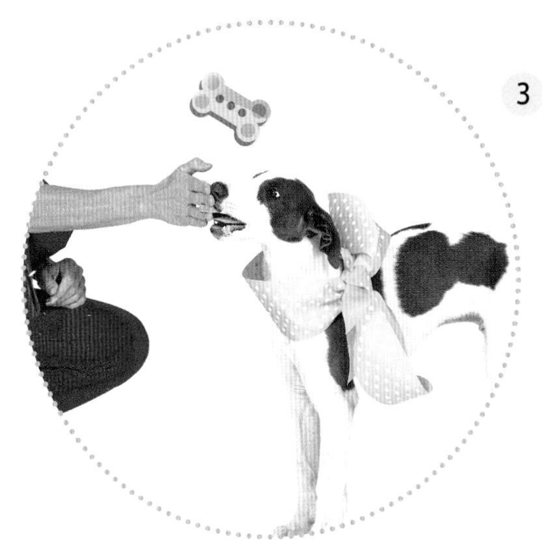

3 松开零食

在狗狗碰到手的一瞬间，松开零食。看看它多快能学会这个小游戏！

第2课

姿势正确时奖励

在教狗狗一个新动作时，应在狗狗的姿势正确时进行奖励。

当狗狗获得奖励时，会把当前的姿势和获得零食相联系。如果你正在教狗狗坐下，那么就应该在它姿势正确——坐着的时候，给它零食。

事先在头脑中勾勒出狗狗姿势正确时的形象，然后把这个形象用文字表达出来。这样，见到狗狗处于正确的姿势时就能迅速做出反应。教狗狗“抬爪”时，或许可以这样想：“两个爪子放在平台上。”握手可以这样描述：“狗狗的爪子放在我的手里。”在下一页，我们将教狗狗“坐下”。你会如何描述“坐下”的正确姿势呢？

抬爪

坐下

练习

坐下

有些狗狗行动很快。学习“坐下”时，它们有可能把屁股落在地上仅1秒钟就又站起来了。我们需要做的是，尽可能多地让狗狗获得**在姿势正确时被奖励**的经验。我们要让它在臀部接触地面时能够吃到零食。为了能做到这一点，给狗狗吃零食的时候，必须非常谨慎地控制手的摆放位置。当狗狗保持坐姿时，甚至可以让它从你的手中多咬几秒钟零食。

1 拿一个零食放在狗狗头部上方的位置

手里拿一个零食放在狗狗的头部上方，让它闻嗅并咬一小口。

2 把零食向后移动

把零食慢慢向尾部方向移动，这样应该能迫使狗狗的臀部往下落。如果狗狗跳起来或者后退，可以让它站在一堵墙前面。狗狗可能会扭动几分钟才坐下。

3 在姿势正确时奖励

当狗狗的臀部碰到地面时，松开零食。手里可以多拿一些零食，只要狗狗保持坐姿就让它咬一小口。同时说“坐得好”作为口令。

第3课

奖励标记与响片训练器

使用奖励标记来告诉狗狗做对目标动作以及赢得零食奖励的确切瞬间。

在狗狗做对的一瞬间进行奖励是非常重要的。发放零食的时机标志着狗狗做对目标动作的精确瞬间。这种标记可以帮助狗狗理解自己需要重复做出哪种动作。

但有时候，客观上很难在狗狗做对动作的精确瞬间把零食放进它的嘴里。例如，当狗狗正在学习跳圈的时候，你不可能在它和圈相交的精确瞬间把零食扔进它的嘴里。这时需要用另一种方法来对成功的瞬间进行标记，可以用声音来做标记。我们用一种特殊的声音（例如犬用响片训练器所发出的咔嗒声）来确定狗狗做出目标动作以及赢得奖励的一瞬间。这种特殊的声音称为奖励标记，因为它对狗狗赢得奖励的瞬间做出了标记。

每一次奖励标记（咔嗒声）之后应迅速给予一个奖励（零食）。

总有什么是值得庆祝的！

各种形式的动物训练都依赖于奖励标记

无论本人是否意识到，每一位成功的动物训练师都在使用奖励标记。奖励标记可以是一个故意发出的声音或者词语，例如咔嗒声或者一句“太棒了！”，或者是下意识地进行表扬。

在各种形式的动物训练中都会运用到奖励标记。海洋动物驯兽员使用哨声作为奖励标记；驯马师会用舌头弹出声音；其他的驯兽师可能会使用响指或者特殊的词语。很多训犬师使用手持式响片训练器。这是一个拇指大小的小盒子，里面有一个金属簧片，按压盒子的时候，簧片就会发出咔嗒声。系上腕带或者挂绳更方便使用。

响片训练器的咔嗒声一直被用于动物园外来动物的训练以及影视动物演员的训练中，它的优势之一是可实现训练标准化，无论换多少个驯兽师都可用同款响片训练器进行训练。

我的奖励标记词：

可以用一个特殊的词语来代替响片训练器吗

绝对可以，很多训犬师都是这么干的。常用的奖励标记词有“好！”和“对！”，也可以选择任何自己喜欢的词语。虽然使用一个独特的词语作为奖励标记比使用手持式响片训练器更方便，但是，响片训练器的确有它自己的优势，包括可以精确掌握时机、声音稳定以及不受情绪干扰。

精确的时机：响片训练器所发出的声音非常短促、清脆和鲜明，可以标记出精确的瞬间。如果你想选择一个口令作为奖励标记，那么要注意口令应简短、清脆。对于新手来说，使用响片训练器通常要比使用特殊词语反应更快。

稳定的声音：新手在说出奖励标记词时的声调可能会因为情绪的不同而不同，而响片训练器所发出的声音永远是相同的。

不带情绪：狗狗对人的情绪非常敏感，因此当人的声音中带有挫败感时可能会让它感到难过。而响片训练器则可以将标记和你所感受到的任何挫败感或者其他可能的情绪分离开来。千万不要低估这一点的重要性，这是响片训练器最重要的优点之一。

练习

触碰目标盘

在第1课中我们已经教会狗狗用鼻子触碰我们的手。现在，我们将在这项技能的基础上，教狗狗用鼻子触碰一个圆盘。在第1课中我们是用零食来标记狗狗做对的瞬间，而在这一课中，我们将按动响片训练器来标记狗狗做对的瞬间。记住，响片训练器的咔嗒声是狗狗已经赢得零食的信号。每一次咔嗒声之后都要立即给一个零食。

如果狗狗对声音过于敏感，会被响片训练器的声音吓到，那么请使用奖励标记词来代替响片训练器。

1 **复习“触碰我的手”**

重复做几次“触碰我的手”(详见第18页),用夹在手指间的零食来奖励狗狗。

2 **伸出圆盘,按响响片训练器**

在圆盘上抹一点零食以引起狗狗的注意。一只手拿着圆盘,另一只手拿零食和响片训练器,说“碰!”。在狗狗碰到圆盘的瞬间按响响片训练器。

3 **每按响一次响片训练器给一次零食**

每按响一次响片训练器就要给一次零食,以便维持这个训练工具的有效性。这样,你就有了一个标记正确动作的方法了!

进阶

一旦狗狗获得了成功，应提高标准，要求它做出该动作的更高版本。

给零食的目的是为了奖励狗狗所做出的努力。在幼儿园里，小朋友能够写出自己的名字就可以获得一枚五角星。在一年级，只有当他能把名字写端正时才能获得五角星。到了二年级，则需要写得漂亮才能获得同样的奖励。狗狗从一个爪子站在指定位置到两个爪子站在指定位置，我们称之为“进阶”。

在下一页中将教狗狗走到一个围栏里。刚开始教狗狗这个小游戏时，只要狗狗把一个爪子放进围栏就可以奖励了。而当狗狗掌握了诀窍之后，就要进阶了，需要狗狗把两个爪子都放进围栏里才可以给零食。

每当狗狗对某一个步骤能达到大约75%的成功率时，就要提高要求。

每一节训练课的目标是比上次略微有所进步。

练习

爪子放进围栏里

这是一个让狗狗建立信任的练习，要求它把爪子放进一个魔法围栏（详见第15页）中或者一个箱子中。刚开始的时候，只要狗狗把一个爪子放进去就奖励。之后随着动作熟练，慢慢进阶，提高要求。

你可以用响片训练器来标记正确动作，也可以在狗狗达到标准的每一个瞬间直接给它零食。

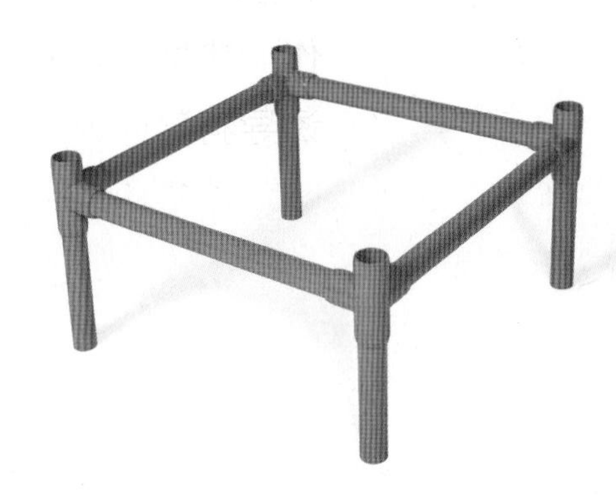

1 诱导狗狗向前

手里拿一个美味的零食，允许狗狗舔到零食，慢慢诱导狗狗向前，然后把零食移动到狗狗碰不到的位置。

2 单脚进入围栏

狗狗可能会把一个爪子放进围栏并快速撤回。当狗狗处于正确姿势时迅速进行奖励。

3 双脚进入围栏

一旦狗狗看起来已经理解了目标动作，就是进阶的时机了。拿住零食，诱导狗狗向前，直到两个爪子都进入围栏。棒极了！

返回

如果狗狗一直做不到，就后退一步，暂时降低成功的标准。

让狗狗保持有动力的关键是让它既有挑战，又能定期取得成功。这就要求我们经常在进阶（做出更难的动作）和返回（做出更容易的动作）之间转换。

尽量不要让狗狗连续犯2~3次错误，否则它会很灰心，不愿意继续训练。如果狗狗一直做不到，就暂时降低成功的标准，返回到更容易的那一步，让它可以暂时获得成功。

行为学习的过程不是线性的。狗狗将会经历无数次的进阶和返回。不要不舍得返回一步，通常只需要返回一小会儿就会给狗狗带来前进的信心。

无论是什么问题，在训练过程中如果遇到狗狗没有信心，永远不要强行推进。后退几步，回到狗狗充满信心的那一步，再从那里开始训练。

追求进阶，不追求完美。

练习

到标记地点去

影视演员犬需要学习走到标记地点去，踩到置于地面的一个圆盘上。运用相同的技巧可以命令狗狗到指定地点（狗狗的床或者在家里的大本营）或者教狗狗一些小游戏，例如踩到触摸式开关上来开灯。

狗狗已经学会了将爪子放入一个围栏中。现在，我们将在此基础上教它踩到一个标记物上。在这个过程中，狗狗既会经历进阶的阶段，也会经历返回的阶段。如果它一直做不到，就返回到更简单一点的步骤。

1 在爪子放进围栏里的基础上训练

在箱子里或者魔法围栏里放上一个标记物（最好是有一定厚度的），用零食诱导狗狗。当狗狗踩在标记物上时奖励。

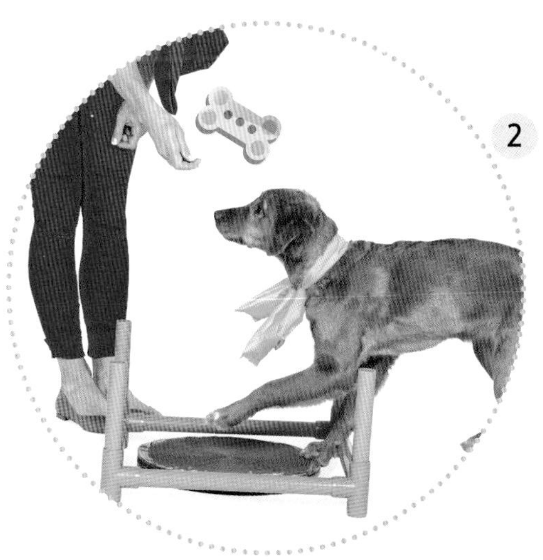

2 降低围栏的四边

把魔法围栏倒置或者降低箱子的四边。同样地，诱导狗狗踩在标记物上，当它处于正确姿势——踩在标记物上时，奖励。

3 移除围栏

移除箱子或者魔法围栏，通过抬手指的手势让狗狗到标记物那里去。如果有困难，或者连续错了两三次，则返回到之前的一步。

你的狗狗是右撇子还是左撇子

和人类一样，大多数狗狗对使用哪一个爪子也有自己的偏好，或者是右撇子，或者是左撇子。为了搞清楚狗狗对于爪子的偏好，可以对它在日常活动中更喜欢用哪一个爪子进行记录。下楼时，先伸哪个爪子？抓门或者抓你的大腿时，用的是哪个爪子？

有些狗狗不会显示出明显的用爪偏好。这种狗狗对噪声会有更明显的恐惧，听到雷声和鞭炮声时会反应特别激烈。而人类的一项类似发现则显示，那些没有明显用手偏好的人和极端焦虑之间存在关联。

踏进围栏里

当狗狗踏进某一样东西里，或者踩到某一样东西上时，先出哪个脚？

花生酱玩具

当狗狗想要从高处拿到一根骨头或者填充了花生酱的玩具时，用的是哪个爪子？

胶带

狗狗用哪个爪子来弄掉粘在头上的胶带？

沙发下的玩具

当狗狗的玩具掉到沙发底下时，它用哪个爪子把玩具弄出来？

口令

通过重复口令、停顿、提示以及奖励来教会狗狗对口令做出反应。

到目前为止，你已经学会了用零食来诱导狗狗坐下。下面，我们将要教狗狗在听到口令时做出坐下的反应。也就是说，当你说“坐下”的时候，狗狗会坐下。

口令是我们用来要求狗狗做出某个动作的词语（例如“坐下”这个词）。提示是对狗狗来说更为激进一点的暗示（例如用零食来诱导它进入坐姿或者把它的臀部按到地上）。

当我们教狗狗一个新的口令时，要按照口令、停顿、提示、奖励的顺序来进行。先说“坐下”（口令），然后停顿一下，给狗狗一个做出动作的机会。如果不会做，再给出更有帮助的提示（例如诱导它的头部或者把臀部往下按）。一旦狗狗坐下，立即给予奖励。

停顿非常重要。狗狗希望能尽快得到零食，因此会努力猜测目标动作是什么。最终，狗狗将在停顿期间开始做出目标动作。成功！

1 口令

说出口令

2 停顿

停顿一下，让狗狗充分理解

3 提示

给出一个暗示

4 奖励

用零食奖励

练习

引入口令

在第5课中，狗狗已经学会到一个标记地点去。现在我们将在此基础上提高标准，教狗狗在听到口令后走到标记地点。

我们先给出口令，然后停顿、提示（通过向标记地点移动以及用手指示标记地点），然后进行奖励。随着训练次数的增加，狗狗将学会一听到口令就跑向标记地点。

1 口令

说口令“目标”。这时狗狗不会理解这是什么意思。

2 停顿

让它思考1秒钟。

3 提示

给出有帮助的提示，让狗狗能走到标记地点上。

4 奖励

当狗狗处于正确位置即站在标记物上时，给它一个零食。甚至可以重复地说“好目标”来进一步强调这一个新的口令。

第7课

从视觉指示到手势

手势可以作为动作指令。和口令相比，大多数狗狗更容易对手势产生反应。

狗狗可以对口令或者手势做出反应，做出一个动作。在诸如动物表演等行业中，手势是标准化的，这样任何训练师都可以和同一只狗狗配合。这些手势并非随意编造的，通常产生于第一次训练狗狗时所使用的诱导模式。例如用抬手作为坐下的手势就是从最初教狗狗这个动作时所采用的向上诱导演变而来。而用手向下压作为“趴下”（详见第62页）的手势则来自于最初诱导狗狗接近地面。轻轻转动手腕则是教狗狗转圈时所画大圈的缩小版本（详见第52页）。

转圈

坐下

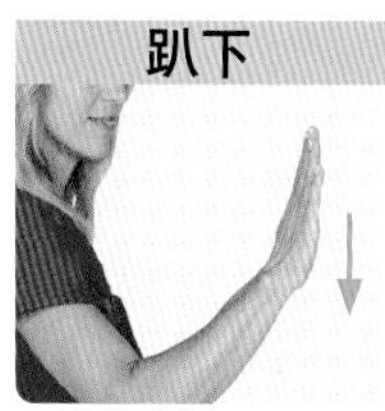
趴下

过来

别动

目标

Chapter 2

训犬技巧

工具箱里的6种工具

我们已经学习了在正确的时机以及正确的姿势下奖励狗狗的重要性，也已经能让狗狗做出某个动作然后进行奖励。但是，真正的挑战往往是找到如何让狗狗第一次做出该动作的方法。

作为训犬师，我们可以使用6种技巧来激发某种动作。在这一部分，我们将利用这些技巧训练狗狗做小游戏，练习每一种技巧。

所有激发动作的技巧都是不尽相同的，没有任何一种技巧可以适用于所有训犬师、所有狗狗和所有的情景。请留意那些自己感觉最好、对狗狗最有效的技巧。这6种技巧是我们工具包里的工具，但有的时候，最佳的解决方案是综合运用几种技巧。

拥有精良的工具是必要的，
但是，学会正确使用这些工具
也是必要的。

激发一种动作的6种技巧

为了教狗狗做某种动作，必须对它进行奖励。而为了能够奖励它，它又必须做出该动作。那么，在第一次，如何才能让它做出这个动作呢？

教狗狗坐下时，我们可以用零食诱导狗狗进入坐姿，或者把它的臀部往下按。然而，不是所有的游戏都有如此简单的解决方案。例如，我们如何才能教狗狗把一个物体衔在嘴里呢？或者如何才能让狗狗听口令吠叫？如何把玩具放进玩具箱或者用爪子按按钮呢？搜救犬可能需要追踪某一个人的气味，动物演员也许会被要求按照指令打哈欠。如果你觉得这些技能太难了，别急，每一种具有挑战性训练项目的解决方法就藏在你的6种工具里。学会运用这些工具，你就能教会狗狗做任何动作。

只要有想象力，简单的工具也能创造出惊人的结果。

诱导
目标
造型
模仿
捕捉
分解动作

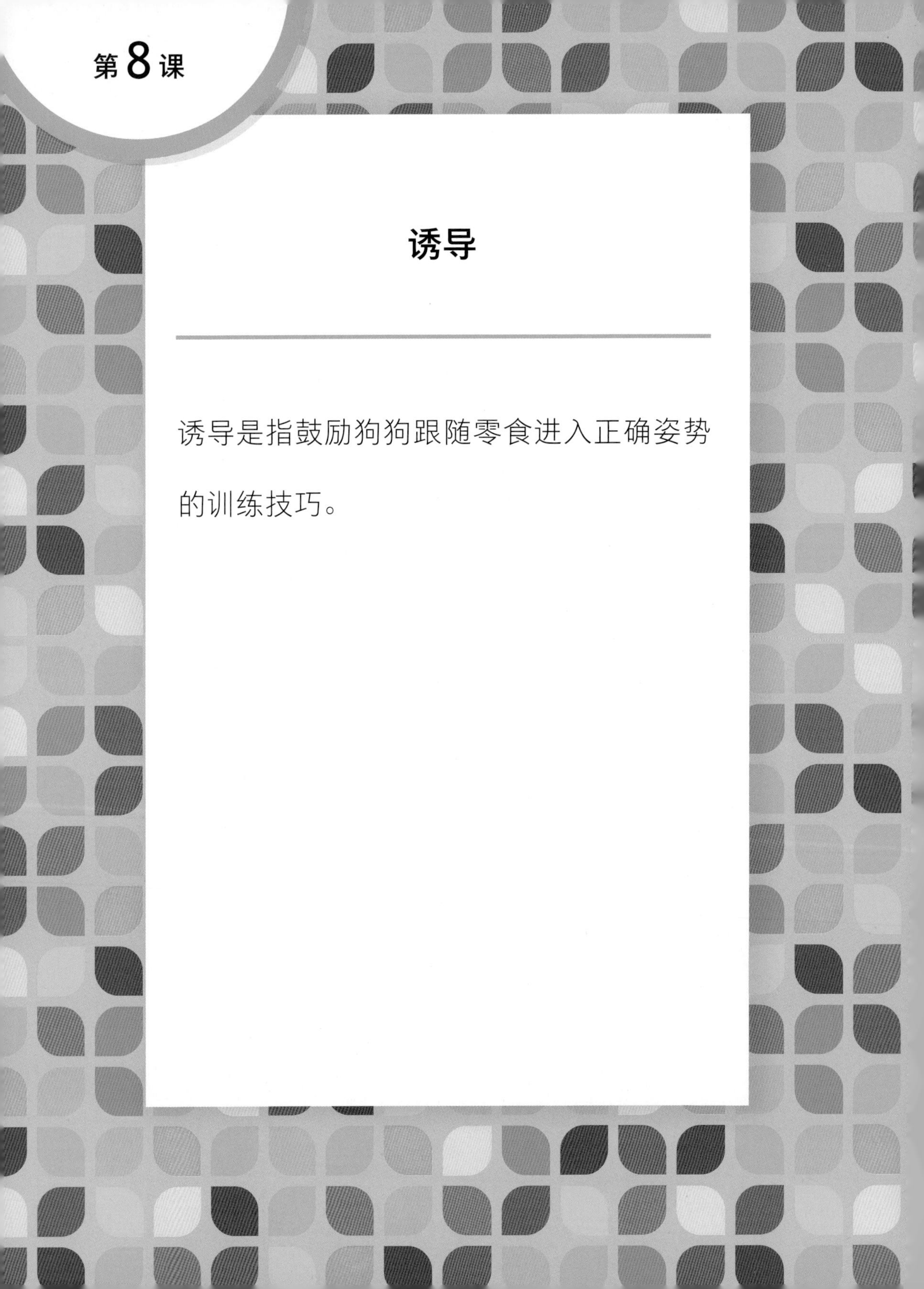

第8课

诱导

诱导是指鼓励狗狗跟随零食进入正确姿势的训练技巧。

诱导是教狗狗做动作时最常用的一种技巧。我们用一个零食来引导狗狗的鼻子，狗狗身体的其他部位也会跟着动。我们已经运用诱导技巧教狗狗做了几个小游戏。在“触碰我的手”中，我们在指间夹一个零食来诱导狗狗触碰我们的手。在教狗狗“坐下”时，我们在狗狗的头部上方移动零食，使狗狗的鼻子往上，然后臀部下落。在“把爪子放进围栏里”以及“到标记地点去”中，我们把零食向前移动来引导狗狗。

诱导快速、灵活、精准。无论是训犬师还是狗狗都很容易学会。虽然有很多的狗狗技能可以通过诱导来教学，但是，并非所有的技能都可以运用这项技巧进行训练。诱导只是引导头部，借以带动身体跟随。而像听令吠叫、衔取、接飞盘等技能就无法用诱导来教学了。

在使用诱导技巧时，响片训练器和奖励标记词语就成为多余的了。零食本身就充当了标记的角色，在狗狗做出动作的瞬间给出。此时，响片训练器不会传递比零食更多的信息。下面，我们运用这个技巧来教狗狗一个小游戏吧!

钻圈圈

抬爪子

练习

转圈

我们将运用诱导的技巧来教狗狗转圈。用一个零食来引导狗狗的头转一个大圈，借此带动狗狗的身体跟随。诱导的时候，手要移动得慢一点，不要离开狗狗的鼻子。

我们的最终目标是能取消诱导，在手中没有零食的情况下获得我们所希望的动作。先重复几次在手拿零食的情况下进行诱导，然后尝试只用伸出的手指作为诱导。和以往一样，在转圈结束时奖励。

1 向狗狗展示诱导物

手拿几个小零食放在狗狗鼻子的高度，说口令“转圈”。

2 转大圈移动

用转大圈的方式慢慢移动诱导物。如果狗狗失去了兴趣，可以让它在转的过程中吃到一点零食。

3 最后给零食

奖励零食，让狗狗知道自己已经完成了目标动作。

练习

抬爪

我们用诱导技巧再来尝试另一个小游戏：教狗狗把前爪抬起并放在目标物上。

诱导物是我们的工具。为了让这个工具非常有效，足以诱惑狗狗，我们要用特别美味的狗零食甚至人类的食物，如火腿、鸡肉、牛排、爆米花、比萨饼皮或奶酪来当诱导物。

1 展示诱导物

手里拿一些零食放在小平台上方的位置，对狗狗发出“抬爪”的口令。轻拍小平台，诱导狗狗把前脚放在上面。

2 移动诱导物，不让狗狗碰到

当狗狗碰到诱导物时，给它一小块，然后移开诱导物不让它碰到。用语言鼓励狗狗跟随。

3 成功

当狗狗把两个爪子都放在小平台上时，奖励。记住，当狗狗保持正确姿势时也要奖励。

第9课

目标

目标杆是诱导物的延伸。狗狗将学习用鼻子去触碰杆子的末端，之后我们就可以利用目标杆引导狗狗进入姿势。

我们已经练习过用零食来诱导狗狗进入姿势。目标杆是另一种形式的诱导装备。这种杆子的末端有一个球或者小杯子，我们将教狗狗用鼻子去触碰这个球或者杯子。通过移动杆子的末端，引导狗狗跟随杆子移动。

目标杆可以让我们的操作距离变长，这样就更容易引导一只小型犬转圈或者一只大型犬趴下。目标杆让我们和狗狗可进行更多的训练，而且，一旦会使用，它就会成为我们工具箱中一个有用的工具。

需要诱导那些喜欢咬你手指的狗狗时，目标杆也是一种安全的工具。

转圈

抬爪子

直立

练习

触碰目标杆

任何可以通过诱导来训练的动作也都可以用目标训练法来训练。目标杆差不多就是你手臂的延伸。伸缩式痒痒挠就可以用来制作成一根方便使用的便携式目标杆。在杆子的一端粘上一个小球作为触碰的目标物即可。

在本课中，我们将在杆子的末端粘上一个量杯来教狗狗如何确定目标物。使用杯子的好处是可以在里面装上零食，这个零食既可以用作诱导物也可以用作奖励。在杯子中装上湿的零食，例如热狗片（硬的干粮颗粒有可能会在不恰当的时候蹦出杯子）。

我们无法在狗狗触碰到目标杆的精确瞬间给出零食，因此将会在那一瞬间按响响片训练器，然后给出零食。

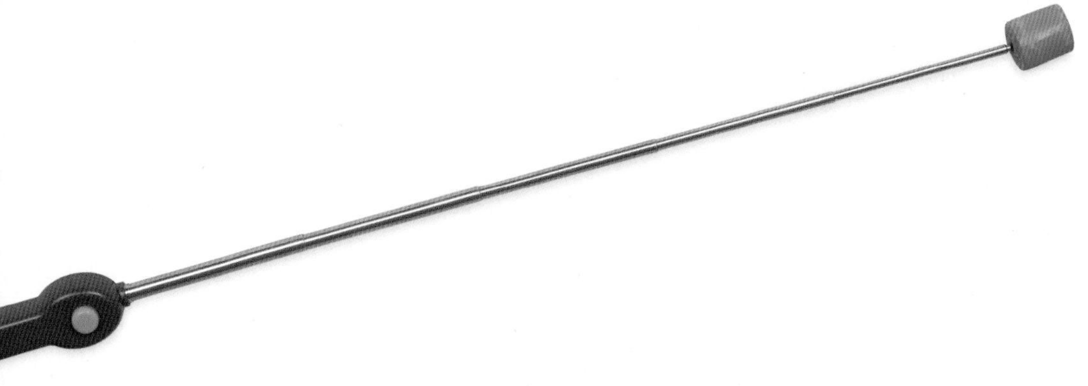

1 制作一根目标杆

在杆子的一端粘上一个量杯。

2 触碰时按响片训练器

杯中放入一个零食并且展示给狗狗看。告诉狗狗“碰!”。不要把杯子推向它，要让它自己来靠近杯子。当它触碰到杯子时按响响片训练器。

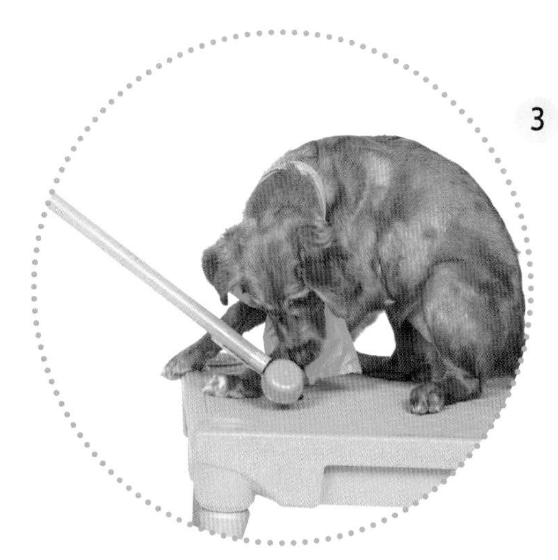

3 给出零食

记住，**每一次咔嗒声之后应立即给一个零食**。倒空杯子让狗狗吃到零食。

以已会动作为基础

一旦狗狗学会了核心动作，就可以在那些技能的基础上较为容易地教狗狗一些新的小游戏。这里是一些以狗狗到目前为止所学的技能为基础的训练方法。

触碰我的手

一旦狗狗学会了“触碰我的手”，就可伸出你的手，说“过来!”

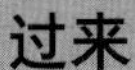

过来

触碰圆盘

一旦狗狗学会了触碰目标圆盘，就可把圆盘粘在一个球上，让它学习滚球。

滚球

爪子放进围栏里

当狗狗的爪子在围栏里时，用零食诱导它低头进入鞠躬的姿势。

鞠躬

到标记地点去

“到标记地点去”很容易转化成去家里的狗狗大本营。

到你的大本营去

抬爪

当狗狗抬起前爪后，可用零食诱导它的头靠向胸部。

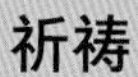

祈祷

目标杆

把目标杆降低至狗狗的前爪之间，让它趴下。

趴下

练习

趴下

现在我们将在“触碰目标杆”的基础上教狗狗趴下。使用目标杆可以很轻松地放置诱导物，不用我们弯腰或者跪下。在目标杆上粘一个小号的量杯，这样狗狗就无法轻易从杯子中取出零食。如果狗狗坚持要从杯中取出零食，则可以用花生酱来代替硬的零食。

1 展示目标杆

让狗狗闻一下零食以引起它的兴趣。

2 降低目标杆高度

发出“趴下”的口令，同时把杯子慢慢降低到狗狗的两爪之间。在地板上将杯子朝狗狗的胸部或者远离狗狗的方向移动，应该有一个会让狗狗做出趴下的动作。

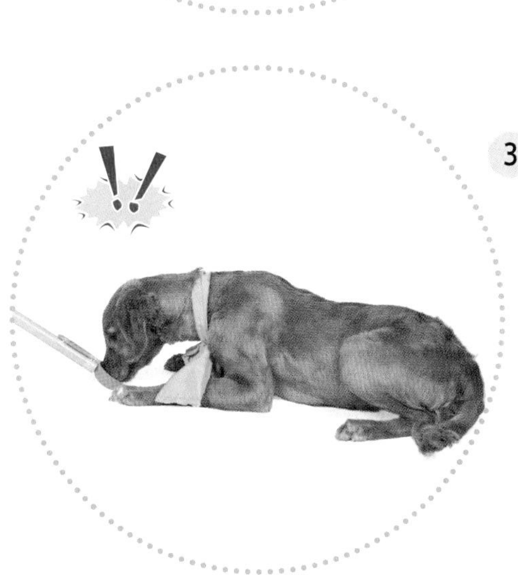

3 发放零食

当狗狗最终趴下时，按响响片训练器，将杯子中的零食倒出来，奖励狗狗。注意要在狗狗仍然处于正确姿势——趴下的时候给零食。

第10课

造型

造型是指从身体上引导或者操纵狗狗进入姿势的训练技巧。

造型可能是激发某个动作的最明显的方法。具体方法是，我们用手或者道具来触碰狗狗或者制造障碍，从而强迫它做出我们所期望的动作。

坐下

例如，把狗狗的臀部往下压，强迫它坐下；下压狗狗的肩膀，强迫它趴下；拉紧牵引绳教狗狗随行，以及把我们的手掌放在狗狗的鼻子跟前让它站住不动，这些都是造型训练。通常我们只对狗狗身体的核心部位造型，以获得某些大幅度的动作，例如坐下、趴下、随行以及站住不动。

趴下

从身体上操纵狗狗是一种很诱人的技巧，因为感觉上我们可以更快地获得想要的动作。然而，造型实际上有可能会延缓学习的过程。操纵狗狗，是在鼓励它放弃主动性，接受被动的引导。它不用动脑搞清楚自己如何做出所要求的动作。

随行

在运用造型技巧的时候，在每个学习阶段应使用最小的压力。要把你的触碰用作一种暗示或者提醒，并且让狗狗能自己做出该动作。

别动

练习

站在围栏中别动

在教狗狗站住别动时，我们可能碰到的一个 问题是，狗狗会迈着小步一点一点向前移动。运用造型技巧，我们会使用一个魔法围栏来限制它的爪，从而帮助狗狗理解需要站在原地不动。围栏的作用是充当边界，限制狗狗的动作。

我们可使用强硬的肢体语言来帮助狗狗保持不动。例如站直身体，眼睛盯住狗狗，手势需强硬而有意义。

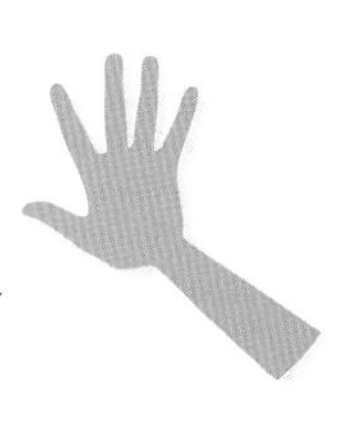

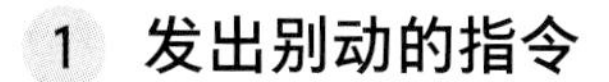

1 发出别动的指令

诱导狗狗将前爪放进围栏，拿一个零食藏在背后，说“别动”，然后用另一只手给出手势。

2 后退一步

保持“别动”的手势，后退一步。

3 等候1秒钟

利用眼神交流以及坚定的身体姿势让狗狗别动。保持手势向上，稳定狗狗。

4 向前一步

保持向上的手势。回到狗狗跟前，等待1秒钟再把藏在背后的零食拿出来给它。要在它处于正确姿势时奖励。

第11课

模仿

模仿是指狗狗有模仿训犬师或者其他狗狗行为的倾向。

狗狗会向它的同类学习。如果把一只未经训练的狗狗和一只有着良好召回习惯的狗狗放在一起，那么这只未经训练的狗狗会学着跟随那只训练有素的狗狗。人们常常把新手牧羊犬、狩猎犬以及雪橇犬和有经验的狗狗配对，让这些有经验的狗狗来教新手狗狗怎么做。半大的幼犬尤其具有强烈的模仿倾向。

相对而言，有些品种的狗狗（例如牧羊犬）更容易用模仿技巧来训练。不同的狗狗，情况也各不相同。模仿最适合用于自然行为，例如一起嚎叫、吠叫、并行、衔取、游戏等。

有时候也可以根据情况让狗狗来模仿其他的一些动作，例如转圈、握手、爬行或者拔河等。

转圈

握手

衔取

吠叫

拔河

练习

跳过横杆

跳跃是一个有趣的动作，如果你和狗狗一起跳，会变得更加有趣！我们将运用模仿技巧来教狗狗跳过横杆。

当狗狗受到热情和游戏行为的诱惑而进入到目标动作时，模仿技巧的训练效果最好。因此，最好是让训练变成一种游戏、一种竞争，如和狗狗赛跑，一起越过各种障碍。用激动的口头表扬来鼓励狗狗。要快乐！

我们可以通过人们对待伴侣狗的态度来判断他们的性格。

1 跳过低杆

从低杆甚至完全没有横杆开始训练。尽量让狗狗变得兴奋，当你跳过横杆时拍拍大腿让狗狗靠近。狗狗模仿你了吗?

2 提升高度

提升横杆的高度，并跳过横杆。当横杆的高度变得过高，你自己无法安全跳过时，可以跑到侧面，一边跳一边挥动手臂。祝你们玩得开心!

捕捉

捕捉是指等待狗狗无意中做出某个动作，然后对该动作进行奖励的技巧。

运用捕捉技巧时，我们先等待狗狗自己做出目标动作，然后奖励它一个零食。只要重复的次数够多，狗狗最终会学会按指令做出该动作。

可以用捕捉技巧来教狗狗鞠躬。观察并等待狗狗自然地做出这个动作，例如当它睡醒后伸懒腰的时候。在那一瞬间，按响响片训练器，或者说出奖励标记词，然后给一个零食。随着训练次数的增加，狗狗会发现自己每次做出鞠躬动作时，你都会给它一个零食。一旦它开始主动做出这个动作，你就可以开始加上口令："鞠躬"。

捕捉技巧仅限于会自然出现的动作，你恐怕不会捕捉到狗狗滑滑板或者投篮的动作。同时，捕捉也仅限于发生频率足够高，能让狗狗找出一种模式的动作。例如，狗狗经常吠叫，让你可以捕捉到吠叫这种行为，并且分配给它一个口令。

涓涓细流可以汇成大海。

练习

吠叫

我们将教狗狗听令吠叫。一旦狗狗理解了“吠叫”的意思，就可以教它“别叫”，让它停止吠叫。可以运用捕捉技巧来教狗狗这个小游戏。等待狗狗自己做出这种行为，然后进行奖励。当然，我们不想整天守候，所以在捕捉的同时，可设法激发狗狗吠叫。什么情况会导致狗狗吠叫？一只猫？有人敲窗？无论是什么，都可以用来教狗狗听令吠叫。在本课的案例中，我们将使用门铃来激发吠叫。

如果某件事值得去做，那么就值得
充满了热情去做！

1 **按响门铃以激发吠叫**

站在大门口，说口令“叫!”然后按响门铃。如果狗狗一开始不叫，可以试试说“那是什么?”

2 **标记并奖励**

当狗狗吠叫时，用响片训练器或者奖励标记词对那一瞬间进行标记，随后奖励零食。可以说“叫得好”来强化口令并加速学习的进程。

3 **假装按门铃**

说口令“叫!”，然后假装按门铃。也许这样就足以激发狗狗吠叫。狗狗吠叫后立即按响片训练器并奖励零食。如果狗狗不叫，就返回到第一步。尽快戒掉门铃，毕竟你不希望意外地教会狗狗一听到门铃声就吠叫。

分解动作

分解动作是指对离目标越来越近的每一小步进行奖励，从而建立一个新动作。

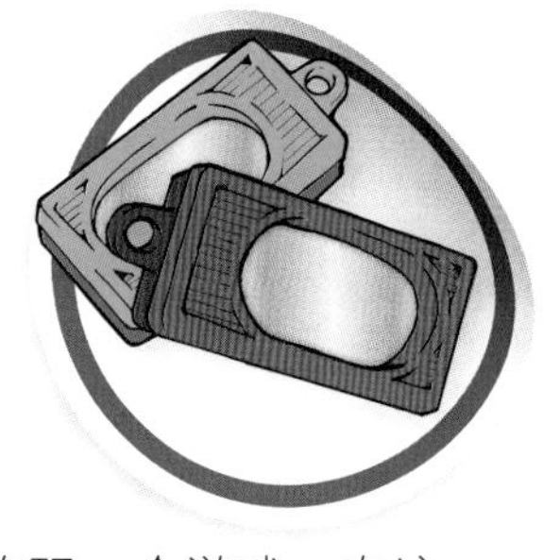

向左看

分解动作训练本质上是我们在和狗狗玩一个游戏，在这个游戏中，我们的心里有一个目标动作，而狗狗需要努力搞清楚这个目标动作是什么。这有点像我们玩过的这个游戏：一个人到处找寻目标，而另一个人告诉他是越来越热还是越来越冷（距离目标越来越近还是越来越远）。一旦狗狗对这个游戏有了经验，就能迅速做出新动作。这是一个相互协作的过程，对你和狗狗都是一种有趣的头脑挑战。

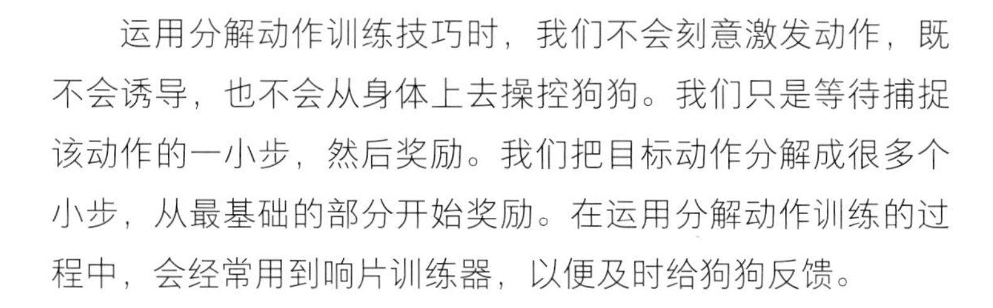

运用分解动作训练技巧时，我们不会刻意激发动作，既不会诱导，也不会从身体上去操控狗狗。我们只是等待捕捉该动作的一小步，然后奖励。我们把目标动作分解成很多个小步，从最基础的部分开始奖励。在运用分解动作训练的过程中，会经常用到响片训练器，以便及时给狗狗反馈。

向左迈一步

在之前，我们已经学习了用诱导技巧来教狗狗转圈（详见第52页）。也可以运用分解动作训练技巧来教狗狗这个小游戏。先等待狗狗无意中把头转向左侧，然后按响响片训练器并奖励。之后我们将提高标准，等狗狗向左看同时还向左迈了一步的时候奖励。通过分解步骤，我们最终将能够让狗狗完成转圈的动作。

完整转圈

练习

捡玩具

有些狗狗本来就会用嘴叼起东西，而有一些狗狗则需要经过训练才会。我们将运用分解动作训练技巧把这个小游戏分解成多个小步骤，并对每一点进步都进行奖励。随着训练次数的增加，我们将可以让狗狗捡起玩具并叼在嘴里。

在第一次训练时，你将发放大量零食，这没有问题。记住，要迅速按响响片训练器，每次咔嗒声之后都要奖励零食。

1 等待狗狗注意到玩具

运用分解动作训练技巧的第一步是当狗狗注意到玩具（甚至只是瞥了一眼）时就立即按响响片训练器，然后奖励。重复十几次。

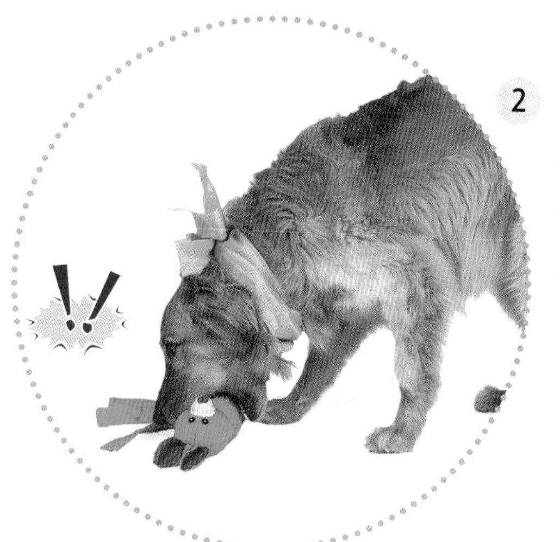

2 提高标准

一旦狗狗掌握其中的奥妙，就可以进阶，当它达到更高的标准时才能获得零食。等狗狗触碰、推动、叼起玩具时再按响响片训练器。

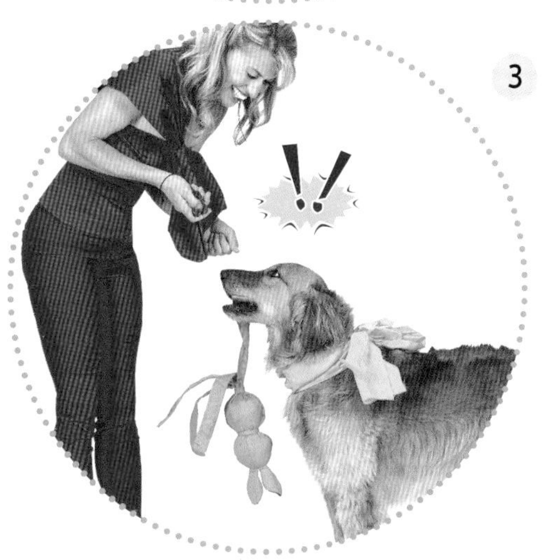

3 再次提高标准

每当狗狗似乎掌握了窍门时，就再要求多一点。你可能会每隔2~10秒钟按动一次响片训练器并奖励。如果狗狗显得很困难，就暂时返回到比较容易的一步。

太棒了

回顾一下你所学到的吧！你做得太棒了！狗狗也太棒了！让我们花上几分钟时间，沉浸在我们一起取得的优异成绩和度过的美好时光里吧。

狗狗学习非常努力，认可它所取得的成绩！无论它是赢得了“最佳吠叫奖”还是“最佳改善奖”，今晚，狗狗都应获得一个特殊的零食。

我家狗狗取得的成绩：

向狗狗提出以下问题，并写下它的回答。

你喜欢我们一起训练吗？你还想学习更多内容吗？

谁是你最好的朋友？

你会原谅我所犯过的所有错误（以及今后可能会犯的所有错误）吗？

我对我家狗狗所做的承诺：

当我在训练中有挫败感时，我会：

当我把你和别人家的狗相比时，我会想起：

即便是在下列情况下，我仍然会考虑你的需求：

"没有欢笑的日子是最浪费的。"
——尼古拉·尚福尔（法国哲学家）

衡量狗狗成功的标准不只有它所学过的小游戏，还有它注意力以及训练态度的改善。

我的狗狗非常喜欢这个小游戏的训练：

我对我的狗狗有了新的了解：

狗狗有以下几点让我引以为豪：

我家狗狗的小名叫：

我的狗狗最想得到的奖励是：

狗狗最近做了什么让你大笑或微笑的事情？

Chapter

3

激励

正向增强的原理

在那么多的训犬书中，为什么你会对这本情有独钟？或许是因为你一直认为狗狗是家庭成员，并且承诺要用理解和温柔的态度来对它进行训练。你训练的目标并不是要压制狗狗的行为，教导它服从，而是更希望和一只自信、快乐的狗狗建立起一种愉快的相互关系。你的目标是让狗狗受到激励、做出正确的行为，而非害怕犯错。

在本部分，你将学习正向增强的训练方法。这种训练方法的学习速度最快，而且记忆深刻。你将学习如何让狗狗获得成功，且同时和你建立起信任关系。你还会发掘出最能激励狗狗的是什么，并学习如何运用这些激励物作为奖励以驱动狗狗的行为。

行为会变成一种习惯。鉴于你和狗狗学习的是在一种以奖励为基础的关系下进行训练，你会发现生活的各个方面都开始反映出这种快乐的气质来。

训犬的十分之九是鼓励。

应该向狗狗提供这些

无论是工作犬还是伴侣犬，狗狗在我们的生活中都扮演着重要的角色。我们把它带入家庭，就有责任满足它最基本的以及更高的需求。狗狗给我们带来各种快乐和陪伴，而我们应该向它提供以下这些。

充足的食物和医疗保障

锻炼，不仅向狗狗提供锻炼的选项，还要鼓励它进行锻炼

剪毛美容，耳道和牙齿清洁，剪趾甲，皮毛护理

超越生存线的生活

让狗狗接触家之外的世界

每天给狗狗20分钟全心全意的关注

每天3项活动（散步、衔取游戏、兜风）

给予和接受无条件的爱的权力

让狗狗和家庭之外的人和狗社交

行为训练，别让狗狗成为自己不良行为的囚徒

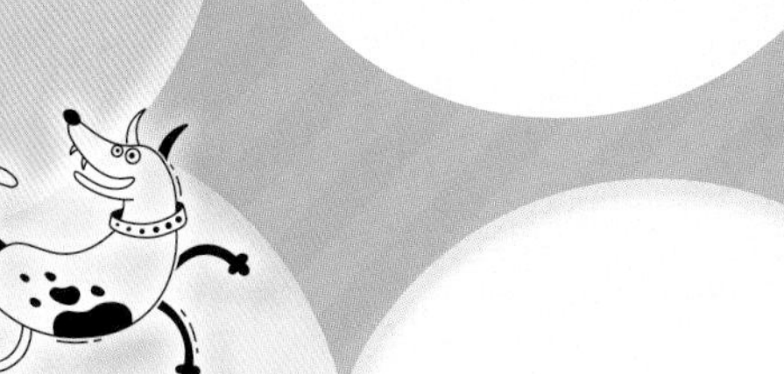

新鲜空气和绿草

尊重狗狗的需求和欲望

负责任的繁殖或者根本不繁殖

狗狗独处的时间和空间

有犯傻和让你发笑的自由

有相互信任的权利

原谅

能有尊严地离世

能被人铭记的荣耀

第14课

操作条件反射：激励象限

有4种方法可以激励一个动物。为了让动物做出某种行为，或者停止某种行为，我们可以给它某样东西，或者拿走某样东西。

众所周知，有两种方法可以让马拉动马车：用一根胡萝卜引诱它前进，或者用鞭子从后面抽打它。在第一种用胡萝卜的情境下，马是被想要获得奖励的欲望所驱动。而在第二种用鞭子的情境下，马是被想要避免疼痛的欲望所驱动。有很多令人信服的理由让我们选择胡萝卜而不是鞭子，其中最重要的是，因为我们选择快乐地生活和训练。

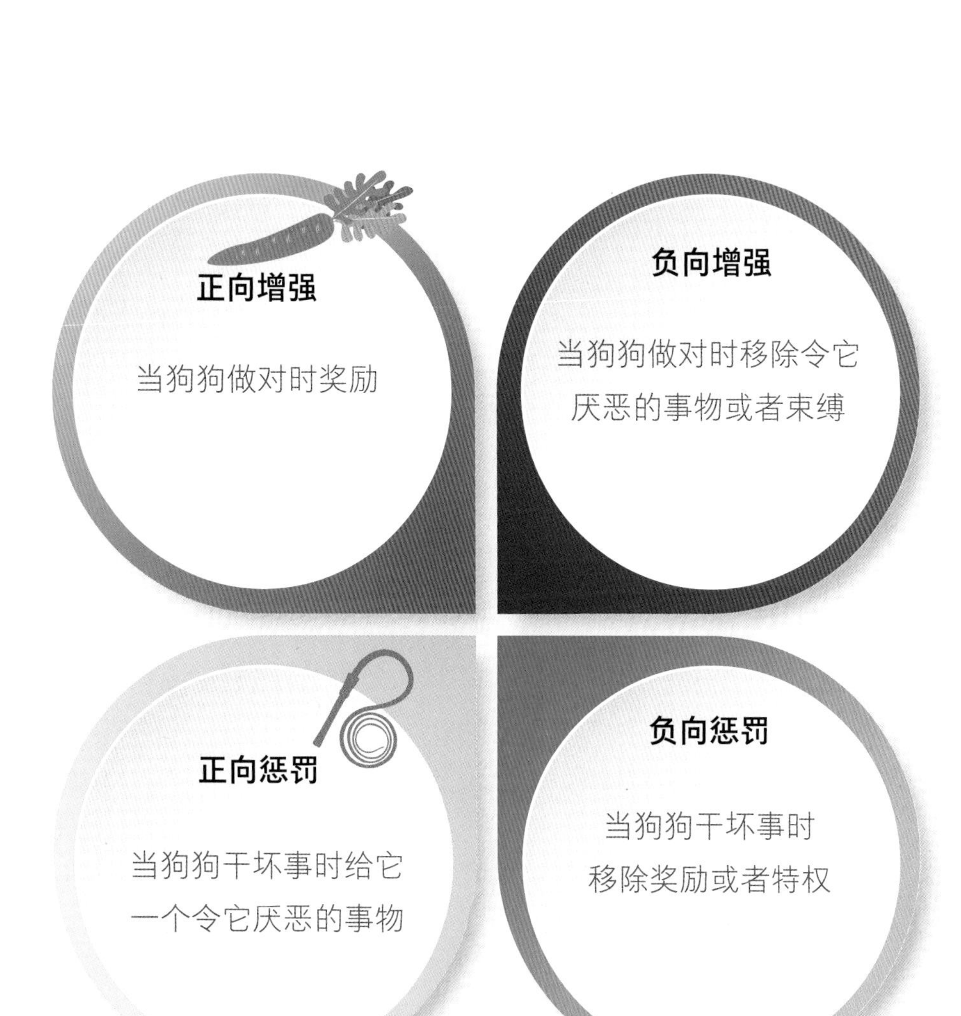

第15课

正向增强

正向增强是一种以奖励为基础的训犬方法。使用这种方法时，狗狗会非常积极、快乐地参与训练。

正向增强就相当于马车比喻中的胡萝卜。它的意思是，我们对某种行为提供奖励，让狗狗自己选择做还是不做、是否要获得奖励。我们不强迫、不惩罚。

乍一听这似乎是一个有缺陷的训练系统，因为我们留给狗狗太多的选择权。然而，在现实中，这却是一个用来激励狗狗，并且激发它们取悦训犬师的极其有效的方法，比鞭子要有效得多。胡萝卜可以让学习进展迅速，并且对行为记忆深刻。

当你运用正向增强的训练方法，和狗狗一起协作，在充满鼓励、没有压力、没有恐惧的环境中，向着一个共同的目标前进时，可以增进你和狗狗之间的关系。在学习的过程中，狗狗用快乐的态度参与其中，并且享受和训犬师之间的互动。

奖励可以有不同的形式：零食、玩具、游戏、口头表扬或爱抚。在教狗狗一个新动作的时候，食物是最常使用的奖励方式，因为对于狗狗来说，零食的价值很高，而且容易发放。

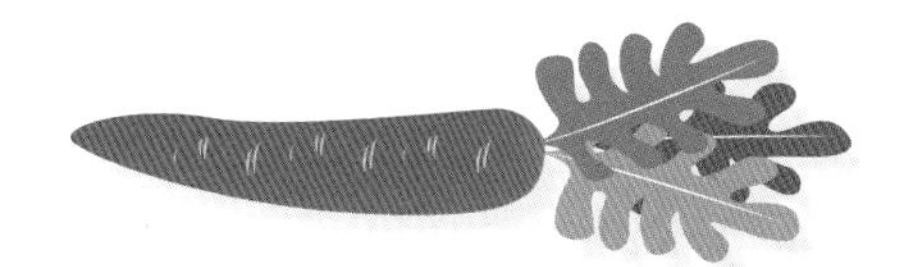

“凡是需要用暴力来维持的都不会持久。”

——亨利·米勒（美国作家）

练习

哪个手里有零食

我们将通过教狗狗这个简单的小游戏来练习正向增强。把一个零食藏在拳头里，让狗狗闻嗅，并指出哪个手里有零食。

正向增强法的意思是，当狗狗选择正确时，就会得到奖励。如果选择错误，狗狗不会受到惩罚，只是不会得到奖励。当狗狗不用担心被责骂时，会更热切地参与这个游戏。

1 **把两个拳头展示给狗狗**

在一个手中藏好一个零食，说“哪个手?”，鼓励狗狗闻嗅两个拳头。有些狗狗一闻就能指出正确的手，而另一些狗狗则需要更加用力地闻嗅。

2 **如果狗狗猜对了**

当狗狗对于正确的手显示出兴趣时，说出奖励标记词，然后张开手。这就是正向增强!

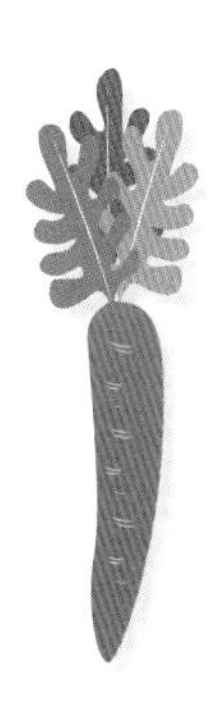

3 **如果狗狗猜错了**

狗狗指示了错误的手吗? 张开手，给它看空空的手心。可以说，“哎呀! 再试一次。”，但是要避免说“不对”或者责骂它。再来一遍。

快乐训练

你希望狗狗有动力参与训练，每天盼望训练，并把它当成一天生活中的亮点。你注入训练课程中的每一点热情都会加速狗狗的学习。遵循下列这些简单的小诀窍会让狗狗（以及你自己）保持快乐的动力。

用愉快的语气

当狗狗做对时，使用音调升高的“愉快语气”，这本身就是一种奖励。你的愉快语气应用唱歌的声调，以高音结尾。

让它还想训练

在大家都度过了一段愉快的时光之后，在狗狗感到疲倦和无聊之前结束训练。在狗狗还想继续训练时下课，可以让它盼望下一次训练。

以高潮结束

每次都在成功的氛围下结束训练课程，从而使狗狗保持信心，即便这个成功是在返回到更容易的动作时达到的。让狗狗做一个它已经很熟练的动作，兴奋地表扬它，然后结束课程。

模糊游戏和工作之间的界限

如果你在训练时没有享受到乐趣，那么狗狗很可能也没有享受到。不要艰难地执着于某一项无趣的训练中，否则狗狗会把训练，还有你本人和无聊相关联。激励狗狗！模糊掉游戏和工作之间的界限。每一次重大努力之后给狗狗一个玩具奖励，并且在每节训练课结束之后和它玩上几分钟。

做一个充满乐趣的人

你越有趣，狗狗就越看重你的关注，而且会越有动力来取悦你。让有你出现的生活变得有趣，令人兴奋！给狗狗零食，扔球，发出有趣的声音，大笑，微笑。

热情和积极的态度让生活变得值得。

第16课

奖励成功，忽略其他

在正向增强训练中，我们奖励狗狗做对了，而忽略其他不成功的尝试，不去惩罚狗狗。

当狗狗做错时，它学不到任何东西。只有当它做对并且得到奖励后才能学到。

在学习的过程中，我们需要狗狗通过试验来解决问题。我们需要狗狗尝试许多不同的动作，这样我们才能让它知道（通过奖励标记或者零食）哪些是正确的。尝试多种不同事物的技巧称为提供行为，在训练中非常有用。

如果我们对狗狗每次做出的动作都说“不对”，那么它可能根本就不敢再做尝试。它宁愿什么都不做也不愿意犯错。这就是为什么我们要奖励成功，而对于其他的只是忽略。

我们所爱的人（狗）不仅需要而且想要获得幸福。

练习

杯子和球

我们将教狗狗一个经典的游戏，即让它从3个杯子中找出藏球的那一个。不过，我们将这个游戏改造成适合狗狗的：用肉丸来代替球，并且用花盆来代替杯子，因为花盆底部正好有个“气味孔”。

狗狗有可能对犯错误非常敏感。如果狗狗指示了错误的花盆，不要说“不对”，而应该鼓励它继续搜寻。**奖励成功，忽略其他所有的**。

1 展示挑战

在一个杯子下面藏好一个肉丸。轻拍每个杯子，鼓励狗狗去闻嗅所有杯子。如果它选错了杯子，则忽略并鼓励它“继续搜寻！”。

2 注意观察

狗狗在指示正确杯子时会变换表达方式。刚开始它通常只是轻微地、短暂地闻一下。要注意观察，留心这种细微的指示。

3 拿开杯子

太棒了！拿开杯子，奖励。对于狗狗来说，它发现藏在杯子下面的零食并得到零食，比直接从你的手中获得零食要有趣得多。

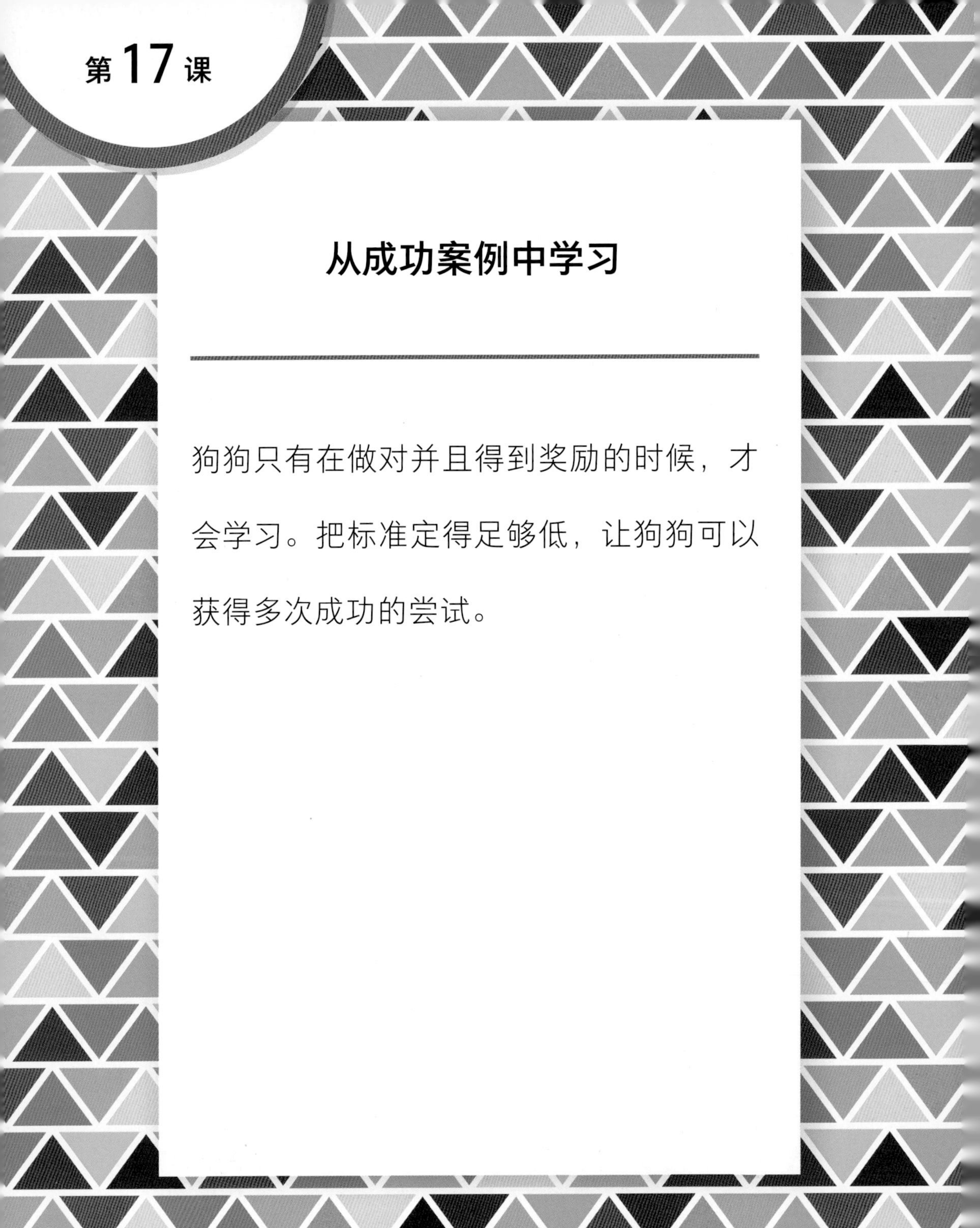

第17课

从成功案例中学习

狗狗只有在做对并且得到奖励的时候，才会学习。把标准定得足够低，让狗狗可以获得多次成功的尝试。

狗狗只有在做对并得到奖励时才会学习。每当有一个零食扔进它嘴里的时候，就会在它的大脑中强化一种联系。重复成功的次数越多，学习得越快。

如果你确定的训练目标过于雄心勃勃，狗狗从来都无法获得成功，也从来都得不到奖励零食，那么它就学不到任何东西。**只有通过成功的尝试，狗狗才会学到东西**。

为了能让狗狗获得尽可能多的成功尝试，我们应让狗狗能比较容易地做出正确的动作。教它衔取，就让它去衔取只有几米远的目标物，然后奖励。之后再奖励，再奖励。

如果把挑战设置得难度过大，或者要求过高，就不会有很多机会可以奖励狗狗，那么就无法很快建立起那条大脑通道。

不要给狗狗设置超出它能力或者知识范围的任务，那只会导致失败。要降低成功的标准，并辅导狗狗向着这个目标前进。帮助它做对，并激动地奖励它所获得的成功!

狗狗从成功中学习，而不是
从失败中学习。

练习

鞠躬

在鞠躬的时候，狗狗的前肘会触碰地面。为了防止狗狗趴下，我们将运用造型技巧，并用一个魔法围栏来帮助它做出目标动作。

刚开始的时候，狗狗的肘部可能只会微微倾斜，还远远够不到地面。但我们还是会对此进行奖励。我们将设置足够低的标准，以便狗狗可以多次做出成功尝试，因为**学习是通过成功案例完成**的。

1 诱导狗狗进入围栏

用一个零食诱导狗狗进入围栏。在狗狗取得这个小小的成功之后，按响响片训练器，并且奖励零食。

2 奖励每一次的小小成功

现在我们还不会要求狗狗一直往下做出鞠躬的动作。相反，我们将不断地对狗狗能轻易做出的任何阶段性动作给予奖励，例如肘部有部分倾斜。

3 进阶并且提高标准

一旦狗狗能够轻易地且重复地做出前面的步骤，就可以提高标准，要求稍微再高一点。如果狗狗在大约20秒钟内没能做对，就返回到前面的标准。

练习

衔取目标物

有些狗狗天生会衔取，而另一些狗狗则需要逐步学习如何衔取一个目标物。我们将运用“衔物扔盘中”方法让狗狗重复做出很多成功的小小的衔取动作。

给狗狗一个玩具。它很有可能立即将玩具掉落在下面的一个盘子里，发出“当”的声音。这个“当”的声音和响片训练器的咔嗒声一样，就是一种奖励标记。每次我们听到“当”的一声时，狗狗就会得到一个零食。

然后我们可以进阶并且提高标准。把盘子稍微移到边上一点。这样狗狗就不得不有意识地转动头部以便让玩具掉进盘子里。最终我们要把玩具扔到房间的其他地方，让狗狗把它叼回来放进盘中。

1 给狗狗一个玩具

在狗狗面前放置一个金属盘子，让狗狗坐在略高的小平台上。给狗狗一个容易让它张开嘴的玩具，例如一个填充了零食的玩具。玩具要足够硬，以便掉到盘中时会发出声响。

2 让狗狗把玩具掉到盘子里

通常狗狗会在几秒钟之内将玩具掉落（如果狗狗叼着玩具不松口，那么就用一个对狗狗来说价值低一点的玩具），玩具会掉到盘子里。当你听到“当”的一声时，给狗狗一个零食！

3 把盘子移到一边

多次成功后，把盘子移开一点。如果狗狗没能对准盘子，就轻松地说一声“噢哦”，然后再次把玩具递给它。如果狗狗连续3次没有对准，返回到前一步。

大奖奖励

当狗狗表现特别出色时，给它一个大奖——一大把零食，以提高它的积极性。

我们都知道大奖的诱惑，只要得到过一次，就会满怀希望，希望能再次获得这个令人着迷的大奖。我们同样可以用一个大奖来激励狗狗。

让狗狗表演几个正在学习的小游戏。如果狗狗做得还可以，就给它一个小的奖励。如果表现出色，或者超出以往的表现，大奖，给它一大把零食！那将给它留下深刻的印象。此后它会非常努力，期望能再次获得大奖。

在一次训练课程中使用几种不同的零食，可以让狗狗保持积极性。例如用小饼干作为一般努力的奖励，用热狗作为非常努力的奖品。

如果狗狗热衷于拔河，那么，来一场拔河游戏也是另一种大奖。把拔河玩具藏在身后的口袋里，当狗狗表现特别出色时就把玩具拿出来，玩一下拔河游戏！

第19课

品种激励

品种特点会影响狗狗的主要激励方式。了解狗狗的品种特点可以帮助你利用它独特的技能，量身定制训练计划。

牧羊犬　以人为中心，易于接受指令。它们学习起来非常快，以猎物为驱动，通常对飞盘的兴趣要大于食物。

工作犬　是被选育出来执行某种具体工作的，例如守卫家园、拉雪橇或者执行救援。它们体型大、强壮、果断、固执并独立。

运动犬　是被选育出来通过气味搜索为猎人衔回猎物（注意它们的长鼻子）的，通常喜欢闻嗅游戏。运动犬喜欢运动，并且非常容易受食物驱动。

猎犬　是猎手，有些品种的猎犬用鼻子来追踪猎物（例如寻血犬），还有一些则擅长利用视力追踪移动的物体（例如灰猎犬）。猎犬的注意力非常容易被分散，因此最好在空旷的环境里训练。

梗犬　英文名（Terriers）源自土壤（Terra），因为大多数梗犬最初都是为了追捕生活在地下的动物而繁育出来的。梗犬容易激动，精力旺盛，特别喜欢拔河游戏，因为这个游戏模拟了甩动小动物的场景。

玩具犬　是作为伴侣犬而被选育出来的。它们体型小，且行动迅速，因此训练的时机一定要掌握得非常精准。它们只按自己的选择行事。

边境牧羊犬

拳师犬

魏玛犬

灰猎犬

梗犬

吉娃娃

第20课

非食物性奖励

食物是奖励，但并非是唯一的奖励形式。玩具、关注、表扬、游戏、允许进入某个区域、获得某种资源等，都是奖励。

零食是一种强有力的奖励，但是我们也可以给狗狗其他形式的奖励。把非食物性奖励结合到训练中来，可以让我们在奖励狗狗时有更多选择。

那些会高度受到猎物驱动的狗狗，会为了赢得诸如飞盘、球类或者拔河游戏一类的奖励而工作。可以把玩具奖励和食物奖励结合起来运用：一般情况下从零食袋里拿出零食对狗狗进行常规奖励，在它表现特别出色时用玩具给它颁发一个大奖。或者给狗狗扔一个飞盘作为奖励，当狗狗把飞盘叼回来时，用零食和它交换飞盘。这种做法会使飞盘变得更有价值！

允许获得某种资源以及进入某个区域也是一种奖励。这些资源可以包括食物、玩具、你的床以及户外活动。在第110、111页，我们将让狗狗做出某个动作，然后用允许它去户外作为奖励。

“狗狗有无限的热情，但是没有羞耻感。我应该有一只狗作为我的人生教练。”

——莫比（美国音乐人）

练习

打铃出门

我们将教狗狗在想要出门的时候去摇响挂在门把手上的铃铛。这个技能在对狗狗进行大小便训练时是个很棒的工具，即便是很小的幼犬也很容易学会。刚开始训练时，我们用食物来奖励，但是，一旦狗狗学会了这个动作，就会转换成非食物奖励——允许狗狗出门。

允许出门也是一种奖励

1 用鼻子触碰你的手

伸出一只手，另一只手拿着响片训练器和零食。当狗狗触碰到你的手时，按响响片训练器，随后发放零食。

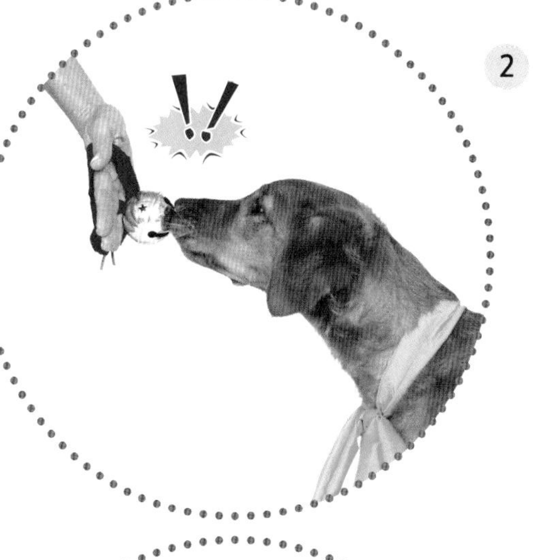

2 把铃铛绕在你的手上

说“铃铛”，然后伸出你的手，狗狗碰到手上的铃铛时，再次按响响片训练器，发放零食。

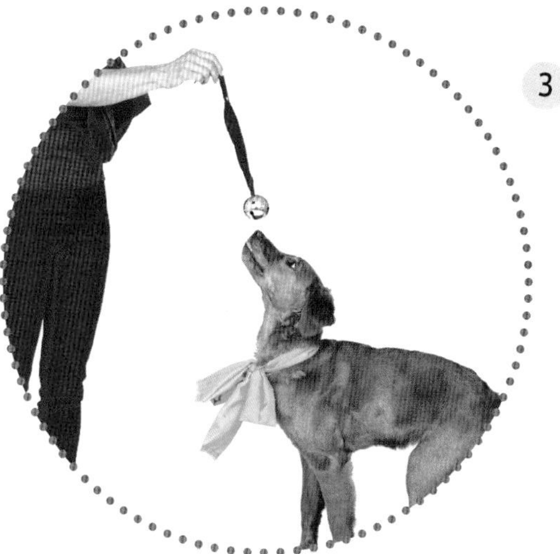

3 摇响铃铛

狗狗会试图用鼻子触碰你的手，把铃铛拿到过高它头部的位置，这样它就只能碰到铃铛而不是你的手。当狗狗成功碰响铃铛时，开门奖励。

Chapter

4

自我控制

消除挫败感的技巧

有一部分训犬课程是为了让狗狗兴奋从而提升对学习的兴趣。另一部分则是为了让狗狗冷静下来并集中注意力。

狗狗不是天生就会自我控制的。它们都喜欢冲动行事，例如冲到门口、爆冲、从人的手中或者柜子上抢食物、扑人、追猫等。

在这一部分里，我们将学习教狗狗控制冲动的技巧。我们将运用正向训练法，为狗狗的自我控制提供奖励，并提供出口，让狗狗把精力转移到积极的追求中去。狗狗将学习恰当的行为准则，会为了得到自己想要的东西而乐于遵守这些规则。

对不希望狗狗做出的行为制定一个明确的应对策略，可以减轻你和狗狗的挫败感。

“一旦曾经拥有过一只优秀的狗狗，
没有它的生活就会变得缺失。”
——迪恩·孔茨（美国作家）

第21课

冲动控制

狗狗是冲动型的。但是我们可以教它们学习自我控制，由此得到自己想要的，或者获得另一种奖励。

对待狗狗就像对待孩子一样，我们要教它们学会先给予再得到。在得到奖励之前，它们应该学会说“请”。建立了这种相互尊重的关系之后，狗狗才会成为一名真正的家庭成员。自我控制就好像是肌肉，只有反复锻炼才会变得越来越强壮。每天展示一点点礼貌，就能增强狗狗自我控制的能力。

教狗狗练习先给予再得到的方法包括：它先坐下再吃饭；先安静地站立再套上牵引绳出门散步；先把球放下再给它扔球等。

我们将完全运用正向训练方法来教狗狗学会耐心和控制冲动。我们不会责骂狗狗，而是把选择权交给它，让它自己去领悟只有学会自我控制才能得到最好的奖励。

自我控制就是选择你最想要的，而不是你当下想要的。

练习

松绳散步

在这节课中，我们将应对最令人沮丧的冲动控制挑战之一：教狗狗不要爆冲，在牵引绳松弛的状态下散步。

传统上防止狗狗爆冲是用厌恶法，即通过拉紧牵引绳来训练的。对于大多数狗狗来说，这不是一个可以持久的解决方案（同时也不是一个令你和狗狗愉快的方案）。我们则相反，会让狗狗出于自己的自由意志而选择放松牵引绳。下面是训练的方法。

假设狗狗外出散步时看见一个消防栓，非常想过去一探究竟。于是它开始爆冲。这时你应该停止前进，站着不动，直到牵引绳松弛。只有在牵引绳松弛的状态下，才允许狗狗走到消防栓跟前。当牵引绳拉紧时，狗狗哪儿也不许去。不用强迫，狗狗就会主动选择让牵引绳松弛。

1 **开始散步**

开始散步。在牵引绳松弛状态下（可能只有几秒钟时间）保持前进。

2 **当狗狗爆冲时，停止**

不要说“不可以”，只需站稳脚跟，不让狗狗去它想要去的地方。我们只**奖励成功**，**而忽略其他**。

3 **等待牵引绳松弛**

过一会儿，狗狗会转向你，使牵引绳松弛。你也可以拍拍自己的腿，叫狗狗的名字，让它转身。

4 **走到狗狗想去的地方**

当牵引绳松弛时，走到狗狗想去的地方。它会明白，当牵引绳紧张时，永远也无法到达它的目的地；只有当牵引绳松弛时才可以。

第22课

行为灭失

如果你对某种行为一直进行奖励，那么狗狗就会重复做出该行为。如果你不希望出现这种行为，就应停止对该行为的奖励。没有奖励，会导致行为的灭失。

我们有可能在不经意间导致狗狗养成了某些坏习惯。也许几年来我们一直在自己吃饭时扔食物给狗狗吃，结果现在它就会在我们用餐的时候不停地乞食。如果不希望再出现这种行为，就要停止奖励。我们将经历一个行为灭失的过程。如果不再给狗狗喂食我们餐桌上的食物，那么最终它一定会停止在桌边乞食。

行为灭失过程

灭失过程所经过的时间

为了使某种不希望出现的行为灭失，你只要避免奖励这种行为就可以了，不需要做其他任何事情。在行为灭失的过程中，那种你所不希望出现的行为通常会在停止之前变得更糟，狗狗会做出一连串尝试，被称为“灭失前的爆发”，即在停止奖励之后，狗狗不会立即放弃该行为，而是会一次又一次地，以一种爆发的方式，更强烈、更快、更显著地重复该行为。

这种灭失前的爆发通常发生在狗狗最终放弃该行为之前。坚持！如果有可能，忽略狗狗在这个灭失前的爆发期间的不良行为，因为，如果对该行为加以关注，那么很有可能会导致该行为变得更加糟糕。

我们通过毅力，而非力量，来取得成功。

第23课

正向重导向

我们将不良行为重新导向为更加积极的追求，而不是进行责骂。我们对不良行为进行重新导向，替代掉不良行为，并且奖励新产生的行为。

在不良行为成为一种习惯之前就终止它。要尽早介入，在狗狗造成大的破坏之前就对它重新导向。通过正向重导向，重新引导狗狗去做某种别的行为，替换掉它的不良行为，然后对它做出的正确行为进行奖励。要对狗狗进行重新导向，只需用快乐的语调叫它的名字。当它看向你的时候，给它一件别的事情去做或者一件别的东西去咬。太棒了——你在一项坏习惯养成之前终止了它。

如果发现狗狗正在咬你的鞋子，只需要拿走鞋子，用一个合适的啃咬玩具来替代鞋子。

咬鞋子

啃骨头

如果狗狗吠叫，就让它趴下来（狗狗趴下的时候通常不会吠叫），并对此进行奖励。

吠叫

趴下

如果狗狗要冲出门去，可让它去家里的大本营，并在大本营奖励它。

冲向门口

在大本营等待

第24课

大本营

用一个略高的平台作为狗狗的“大本营”，让它有一处默认的安全场所。大本营可以使狗狗安静下来，并且有助于控制它的行动。

当我们用餐时，可以让狗狗安静地躺在它的大本营里。当我们打开大门时，可以让狗狗暂时在它的大本营里等待，而不用插上插销。当我们想要给注意力分散的狗狗发指令时，可以把它乱动的脚限制在大本营里从而让它集中注意（“安静的爪等于集中的注意力”）。

大本营是一个小小的、抬高的平台。这个平台必须足够小，可以让狗狗乱动的爪安静下来；同时也必须足够高，狗狗得费点劲儿才能离开平台。狗狗天生喜欢追求高度，它们享受站在高架平台上的感觉，因为这会给它带来更多的掌控感（让人想起幼犬在玩山大王的游戏）。

利用以下手段可以增加大本营的价值：当狗狗在大本营里时给它一些常规奖励；在狗狗吃饭之前让它在大本营里等待；当它在大本营时对它进行爱抚等。狗狗很快就会接受大本营，而且你可能会发现，在你要求它上去之前它就已经主动跳上去了！

练习

到平台上去/待在平台上

利用“大本营”训练，无论狗狗在房间里什么地方，都可以让它到平台上去，并让它在那里待着不动，直到你下达解禁指令。以下是训练的一些小窍门。

- 当狗狗上到平台上时奖励，但是离开平台时永远都不要奖励。我们不希望狗狗因为想得到奖励而随意跳下平台。

- 不允许狗狗按照自己的意愿跳下平台。只有在得到你的指令后才可以离开。

- 如果狗狗自己离开了，让它重新回到平台上。

- 当狗狗待在平台上时，不时给它一些零食。

1 让狗狗到大本营去

在第5课中，我曾经教过怎样让狗狗到标记地点去。让我们在此基础上，让狗狗到一个抬高的平台上去。记住，永远在正确的姿势下奖励：在平台上。

2 待在大本营

在第10课中，我曾经教过怎样让狗狗待在一个围栏内。让我们进阶，教狗狗待在自己的大本营里。

3 增加距离、时间以及干扰

练习绕着平台转圈，让狗狗在平台上保持更长时间，以及引入干扰因素。如果发现狗狗准备要动了，应严肃制止，说“别动”，同时向它走去，并通过眼神让它别动。

"我们应不时地停止追求快乐的脚步，只要保持快乐就好。"
——纪尧姆·阿波利奈尔（法国诗人）

追随激情的人是最美丽的。

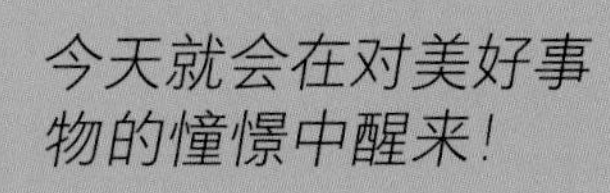

今天就会在对美好事物的憧憬中醒来!

展现你独特的美丽。

热情是生命的力量。我们只有在失去热情的火花时才变老。

“只要心存善念，这些善念就会像阳光一样从你脸上焕发出来，而你将永远都显得如此可爱。”
——罗尔德·达尔
（英国作家）

永远要为那些让你感觉活得快乐的事情留出时间。

“我想，如果我们无法对那些无意义的事情发笑，那么我们也就无法对生活中的很多事情做出反应。”
——比尔·沃特森
（美国漫画家）

Chapter 5

丰富生活

快乐六要素

瑜伽垫卷

狗狗其实并不想整天躺在沙发上。它想要被挑战，想要兴奋，想要遇到难题；它想要学习新鲜事物，并且想要你为它的各种新发现而喝彩！和狗狗一起尝试一下这些令它变得繁忙的挑战吧。

瑜伽垫卷。把瑜伽垫铺平，撒上零食，卷起来。鼓励狗狗用鼻子把瑜伽垫展开。每用鼻子推一下就应该找到一个零食，这样就变成了一个自我奖励的游戏。

撕玩具。不用让狗狗把你买的那些昂贵的狗玩具撕碎，可以给它一些专门用来撕碎的玩具，例如放鸡蛋的纸板、卷纸芯、纸板箱等。

球坑。把一块狗饼干藏在一个“球坑”里，让狗狗把饼干找出来。也可用一盒包装材料或者将报纸揉成团来代替球。

松饼烤盘。将零食放入松饼烤盘的纸杯中，并且在每一个零食上盖上一个小球。让狗狗自己想办法得到零食。

第25课

挑战难题

难题会刺激狗狗的大脑去解决某个新问题。挑战难题为狗狗提供机会，去体会成功的快乐。

让狗狗自己去一粒一粒寻找颗粒狗粮比把狗粮放在碗里直接给狗狗要有趣得多。挑战无所不在。一旦你设计过了几个难题，就会发现挑战难题的机会就藏在各种常见的家居物品中：纸板箱、鸡蛋纸板、卷纸芯等。下面是一些难题举例，可以给你一点启发。

毛巾里的骨头。用毛巾将一块生骨肉或者一些零食包在里面并打上结，让狗狗想办法弄出来。

毯子下的玩具。将狗狗最喜欢的玩具，或者一个填充了食物的玩具藏在一块毯子下面。狗狗可以看见并且闻到，但是怎么才能拿到玩具呢？

扔毯子。将一块毯子扔在狗狗身上，并且鼓励它弄掉毯子。或者把毯子扔在你自己身上，让狗狗帮你把毯子弄掉。

“乐于挑战难题是一项值得从童年到老年一直要培养的特质。”

——诺姆·乔姆斯基（美国哲学家）

探索

鼓励狗狗去探索新鲜事物，帮助它建立自信。成功的探索将有助于减轻狗狗的恐惧，并带给它快乐。

克服恐惧的关键在于能按照自己的步调接近令人恐惧的对象，并使其产生良好的（至少是不坏的）后果。永远不要强迫狗狗去接近令它恐惧的对象，要允许它逃脱并能控制后果。如果知道一声巨响会吓到狗狗，就应该减弱这种声音以减轻对狗狗的威胁。

晃板。一种训犬工具，是一个有着半球形支点的圆盘，可以在任意方向晃动。用零食引诱狗狗去探索这个奇怪的东西。

寻找藏好的零食。把颗粒狗粮、小饼干或者麦圈等藏在家中各处：椅子下面、玩具里面，甚至枕头下面。从少量撒在外面的零食开始，让狗狗寻找藏好的零食。

隧道。先把隧道玩具弄得短一点，在里面放上零食，鼓励狗狗去探索。

躲猫猫。你藏在门背后，用快乐的语调召唤狗狗。当狗狗找到你时要奖励零食。

第27课

选择

寻找机会允许狗狗做出选择。让狗狗感觉自己有一定的权力，能控制自己所做的事情，同时还能加强你和狗狗的沟通。

大多数情况下，狗狗都是按照主人的旨意行事：我们决定去哪里、做什么、玩什么，以及怎么玩。因此，寻找一些机会让狗狗做个选择是很好的。我们是走左边这条路还是右边这条？你是想吃奶酪还是鸡肉？你想玩飞盘还是球球？

狗狗喜欢睡在哪里？连续几个晚上把它的狗床移动一下位置，看它是否会显示出自己的偏好（例如仍然躺在狗床原来位置的地板上）。狗狗想出去吗？教它使用狗狗铃铛（详见第20课），允许它表达自己的意愿。

狗狗有几十个玩具可以玩吗？在对新玩具最初的兴奋劲儿过去之后，这些玩具是不是都躺在玩具箱里了？让狗狗选出“今天的玩具”，可以给它带来自己做主的快乐。把所有的玩具都放在架子上。每天一次，带狗狗到架子边上，允许它选出一个玩具来玩。有意思的是，狗狗似乎对玩这个玩具比之前拥有的几十个玩具都要开心。

“美好的一天始于美好的心态。”

——约翰·盖格（加拿大作家）

第28课

渴望被爱

在你的狗狗心里，你胜过它生命中任何其他事物。给狗狗友善的关注、抚摸和言辞，向它表达你的爱吧。

正如狗狗爱我们时我们会知道一样，当我们爱它们时，它们也会知道。它们能从我们的眼睛里看见爱，从我们快乐的语调里听见爱。当我们绊到狗狗时，它们能理解我们的歉意；当我们给它们清洁耳朵、剪趾甲，或者处理伤口时，它们会接受我们温柔的护理。它们毫无怨恨地允许我们给它们穿上外套，因为它们信任我们的爱，理解我们的好意。

狗狗对于它们所得到的一切都会很快乐，因此我们很容易把它们的需求放在一边，转而去做“更重要的”事情，例如工作、打扫房间，以及各种社会活动。下面是我们可以向狗狗表达爱的方式。

- 温柔地凝视它的眼睛。狗狗通过眼神交流来相互沟通，因此它会本能地了解你的意思。
- 揉搓它的耳朵——多么快乐呀！
- 和它依偎在一起或者一起睡觉。
- 靠在狗狗身上（就像它有时候对你做的那样）。
- 和它谈心。
- 看着它，关注它，当它追逐蜥蜴、挖洞或者发现了什么宝藏时为它喝彩。

生命中只有一种幸福：
爱与被爱。

第29课

秩序

狗狗是群居动物，它们本能地喜欢生活在有秩序和有规则的结构化环境中。秩序能够让狗狗做出预测，减轻对被遗弃、无人喂养的恐惧。

所谓结构化就是安全性和可预测性。它让狗狗不用长期生活在不知道晚餐什么时候会来，每次你离开房间时就怀疑自己是否被遗弃的压力之中。狗狗喜欢有规律的生活。它们很容易被训练成模式化，并且会享受日常生活中的各种小小的仪式。

可以通过哪些方式把可预测性和仪式化纳入日常生活呢？我们可以让狗狗在吃饭前先坐下，或简单地亲吻一下额头作为上床时的仪式。当你离开家的时候，用某种特殊的方式让狗狗知道你要离开了，这样它就不用在你每次离开的时候开始担忧。狗狗非常善于联想，因此它很快就会学习到当你拿钥匙时，说明你要离开家了；而当你穿上运动鞋时，就说明你准备带它出去散步了。这些小小的仪式会成为你们之间的特殊纽带——一种只属于你们自己的秘密语言。

用餐仪式　　**睡前仪式**

第30课

幽默感和玩耍

没有什么比一个既有爱心又顽皮的主人更能让狗狗开心的了。狗狗喜欢跟我们开玩笑，也喜欢我们跟它们开一些温柔的玩笑。

狗狗喜欢玩耍，也懂幽默。和你的狗狗玩个魔术：站在门廊看着狗狗，把毯子举过头顶以便能完全遮住你自己，然后让毯子落下来，噗！你消失了。你去哪儿了？玩狗狗的球，然后变戏法儿一样让球消失在你背后的口袋里。当狗狗找到失踪的人或者玩具的那一刻，它会欣喜若狂，这就是对之前困惑时刻的奖励。

狗狗也会跟你耍把戏！它可能会把小棍子放在地上，假装不感兴趣，然后等到你去拿的那一刻，把棍子抢走并飞速跑开！它也许会叼起一只鞋子，引你去追它。而你可能会幸运地看到狗狗因为单纯的快乐而大笑、跳跃。

玩耍是对生活的热情！

祝贺你！学习完这本书，你就已经通过快乐训练和挑战丰富了狗狗的生活，这是你对狗狗幸福生活的承诺。同时，你也表明了和狗狗共同分享亲密关系的承诺。你已经走过了很长的一段路！即便你尚未实现所有目标，也要认识到改变是一个持续的过程。下面就花一点点时间来确认一下你的成就。

通过学习本书，我做到了：

- ☐ 狗狗新学的游戏令我的朋友们感到惊异
- ☐ 挑战了我家狗狗的头脑
- ☐ 提升了我作为训犬师的技能
- ☐ 和我家狗狗联系更紧密了
- ☐ 教我家狗狗变得更有教养
- ☐ 增强了我家狗狗的自信心和自尊心
- ☐ 教会了我家狗狗一些有用的动作
- ☐ 找到了我家狗狗发泄精力的出口
- ☐ 向我家狗狗表达了我对它的爱
- ☐ 我和狗狗变得更快乐了
- ☐ 学习到了正确的、人性化的训练方法
- ☐ 对我家狗狗的了解更深了
- ☐ 其他：________________

无论它是年轻或是年老，好动或是喜静，聪明或是愚钝，它都是你的狗狗，它的成功与否只需要用你的眼睛来衡量。我希望这本书能激发你和狗狗一起做更多的事情！

你们做到了

凯拉·桑德斯（KYRA SUNDANCE）是享誉世界的训犬师、讲师、国际畅销书作者。凯拉的获奖书籍、训犬套装以及DVD等已经出版发行100多万册/套，帮助全球范围内的犬主和他们的爱犬建立起有趣且有益的亲密关系。

凯拉的方法经过数十年的专业磨炼，简单易学、循序渐进，采用正向训练方法培养自信、快乐的狗狗，是有效、人性化的训犬方法。

凯拉是专业的影视演员犬训练师以及专业的犬类特技秀表演者，她在各个舞台上星光闪耀：为摩洛哥国王进行表演、迪士尼的好莱坞舞台表演、马戏团表演、NBA半场表演、《今夜秀》《艾伦秀》以及其他影视节目中。

作为“和你的狗狗一起做更多事情”的“首席快乐官”，凯拉开办了关于狗狗训练、游戏以及健身的工作坊和在线认证课程，广受大众欢迎。

凯拉在全美竞技犬运动中排名前列，同时也是一名狂热的超级跑步爱好者。

贾弟、辛巴与凯拉一起住在美国加利福尼亚州莫哈维沙漠的牧场中。